中国编辑学会组编

中国科技之路

林草卷

中宣部主题出版
重点出版物

绿水青山

本卷主编　张守攻

副主编　郝育军

U0162140

中国林业出版社

图书在版编目（CIP）数据

中国科技之路·林草卷·绿水青山 / 中国编辑学会组编；张
守攻本卷主编. -- 北京：中国林业出版社，2021·6
ISBN 978-7-5219-1182-4

Ⅰ. ①中⋯ Ⅱ. ①中⋯ ②张⋯ Ⅲ. ①技术史－中国－现代
②林业－农业技术－技术史－中国－现代 Ⅳ. ①N092②S7

中国版本图书馆CIP数据核字(2021)第092692号

内 容 提 要

本书集中展现了在中国共产党的领导下，我国林草科技走过的光辉历程、取得的重要成果以及未来发展趋势和蓝图。书中同时展示了新中国成立以来，林草领域涌现的一大批科学家，他们是中国林草科技工作者的杰出代表，形成了中国林草科学家精神谱系，闪耀在新中国发展的壮丽史册中。

本书共分三篇内容，第一篇简要回顾总结了新中国林草科技的发展历程；第二篇重点介绍了林草科技重大成果；第三篇分析了林草科技面临形势和挑战，提出了今后工作措施和攻关方向，描绘了未来科技发展蓝图。

中国科技之路 林草卷 绿水青山
ZHONGGUO KEJI ZHILU LINCAO JUAN LVSHUI QINGSHAN

◆ 组　　编　中国编辑学会
　　本卷主编　张守攻
　　出 版 人　刘东黎
　　责任编辑　于界芬　于晓文　何　鹏　徐　平　徐梦欣
　　责任印制　张　东
　　美术编辑　曹　来
◆ 中国林业出版社出版发行　　北京西城区德内大街刘海胡同7号
　　邮编　100009　电子邮件　cfphzbs@163.com
　　网址　http://www.forestry.gov.cn/lycb.html
　　印刷　北京盛通印刷股份有限公司
◆ 开本　720×960　1/16
　　印张　16　　　　　　　　2021年6月第1版
　　字数　211千字　　　　　2021年6月北京第1次印刷

定价：100.00元

未经许可，不得以任何方式复制或抄袭本书之部分或全部内容。

《中国科技之路》编委会

《中国科技之路》出版工作委员会

做好科学普及，是科学家的责任和使命

中国科技事业在党的领导下，走出了一条中国特色科技创新之路。从革命时期高度重视知识分子工作，到新中国成立后吹响"向科学进军"的号角，到改革开放提出"科学技术是第一生产力"的论断；从进入新世纪深入实施知识创新工程、科教兴国战略、人才强国战略，不断完善国家创新体系、建设创新型国家，到党的十八大后提出创新是第一动力、全面实施创新驱动发展战略、建设世界科技强国，科技事业在党和人民事业中始终具有十分重要的战略地位、发挥了十分重要的战略作用。党的十九大以来，党中央全面分析国际科技创新竞争态势，深入研判国内外发展形势，针对我国科技事业面临的突出问题和挑战，坚持把科技创新摆在国家发展全局的核心位置，全面谋划科技创新工作。通过全社会共同努力，重大创新成果竞相涌现，一些前沿领域开始进入并跑、领跑阶段，科技实力正在从量的积累迈向质的飞跃，从点的突破迈向系统能力提升。

科技兴则民族兴，科技强则国家强。2016 年 5 月 30 日，习近平总书记在"科技三会"上指出："科技创新、科学普及是实现创新发展的两翼，要把科学普及放在与科技创新同等重要的位置"，希望广大科技工作者以提高全民科学素质为己任，"在全社会推动形成讲科学、爱科学、学科学、用科学的良好氛围，使蕴藏在亿万人民中间的创新智慧充分释放、创新力量充分涌流"。站在"两个一百年"奋斗目标历史交汇点上,我国正处于加快实现科技自立自强、建设世界科技强国的伟大征程中。在新的发展阶段,做好科学普及、提升公民科学素质、厚植科学文化,既是建设世界科技强国的迫切需要,也是中国科学家义不容辞的社会责任和历史使命。

为此,中国编辑学会组织 15 家中央级科技出版单位共同策划,邀请各领域院士和专家联合创作了《中国科技之路》科普图书。这套书以习近平新时代中国特色社会主义思想为指导,以反映新中国科技发展成就为重点,以文、图、音频、视频相结合的直观呈现形式为载体,旨在激励全国人民为努力实现中华民族伟大复兴的中国梦而奋斗。《中国科技之路》于 2020 年列入中宣部主题出版重点出版物选题,分为总览卷、信息卷、交通卷、建筑卷、卫生卷、中医药卷、核工业卷、航天卷、航空卷、石油卷、海洋卷、水利卷、电力卷、农业卷、林草卷共 15 卷,相关领域的两院院士担任主编,内容兼具权威性和普及性。《中国科技之路》力图展示中国科技发展道路所蕴含的文化自信和创新自信,激励我国科技工作者和广大读者继承与发扬老一辈科学家胸怀祖国、服务人民的优秀品质,不负伟大时代,矢志自立自强,努力在建设科技强国实现复兴伟业的征程中作出更大贡献。

侯建国

中国科学院院士

《中国科技之路》编委会主任

2021 年 6 月

科技开辟崛起之路　出版见证历史辉煌

2021 年是中国共产党百年华诞。百年征程波澜壮阔，回首一路走来，惊涛骇浪中创造出伟大成就；百年未有之大变局，我们正处其中，踏上漫漫征途，书写世界奇迹。如今，站在"两个一百年"的历史交汇点上，"十三五"成就厚重，"十四五"开局起步，全面建设社会主义现代化国家新征程已经启航。面向建设科技强国的伟大目标，科技出版人将与科技工作者一起奋斗前行，我们感到无比荣幸。

2021 年 3 月，习近平总书记在《求是》杂志上发表文章《努力成为世界主要科学中心和创新高地》，他指出："科学技术从来没有像今天这样深刻影响着国家前途命运，从来没有像今天这样深刻影响着人民生活福祉""中国要强盛、要复兴，就一定要大力发展科学技术，努力成为世界主要科学中心和创新高地。我们比历史上任何时期都更接近中华民族伟大复兴的目标，我们比历史上任何时期都更需要建设世界科技强国！"在这样的历史背景下，科学文化、创新文化及其所形成的科普、科学氛围，对于提升国民的现代化素质，对于实施创新驱动发展战略，不仅十分重要，而且迫切需要。

中国编辑学会是精神食粮的生产者，先进文化的传播者，民族素质的培育者，社会文明的建设者。普及科学文化，努力形成创新氛围，让科学理论之弘扬与科学事业之发展同步，让科学文化和科学精神成为主流文化的核心内涵，推出高品位、高质量、可读性强、启发性深的科技出版物，这是一条举足轻重的发展路径，也是我们肩负的光荣使命，更是国际竞争对我们的强烈呼唤。秉持这样的初心，中国编辑学会在2019年7月召开项目论证会，确定以贯彻落实党和国家实施创新驱动发展战略、建设科技强国的重大决策为切入点，编辑出版一套为国家战略所必需、为国民所期待的精品力作，展现我国科技实力，营造浓厚科学文化氛围。随后，中国编辑学会组织了半年多的调研论证，经过数番讨论，几易方案，终于在2020年年初决定由中国编辑学会主持策划，由学会科技读物编辑专业委员会具体实施，组织人民邮电出版社、科学出版社、中国水利水电出版社等15家出版社共同打造《中国科技之路》，以此向中国共产党成立100周年献礼。2020年6月，《中国科技之路》入选中宣部2020年主题出版重点出版物。

《中国科技之路》以在中国共产党领导下，我国科技事业壮丽辉煌的发展历程、主要成就、关键节点和历史意义为主题，全面展示我国取得的重大科技成果，系统总结我国科技发展的历史经验，普及科技知识，传递科学精神，为未来的发展路径提供重要启示。《中国科技之路》服务党和国家工作大局，站在民族复兴的高度，选择与国计民生息息相关的方向，呈现我国各行业有代表性的高精尖科研成果，共计15卷，包括总览卷、信息卷、交通卷、建筑卷、卫生卷、中医药卷、核工业卷、航天卷、航空卷、石油卷、海洋卷、水利卷、电力卷、农业卷和林草卷。

今天中国的科技腾飞、国泰民安举世瞩目，那是从烈火中锻来、向薄冰上履过，其背后蕴藏的自力更生、不懈创新的故事更值得点赞。特别是在当今世界，实施创新驱动发展战略决定着中华民族前途命运，全党全社会都在不断加深认识科技创新的巨大作用，把创新驱动发展作为面向未来的一项重大战略。基于这样的认识，《中国科技之路》充分梳理挖掘历史资料，在内容结构上既反映科技领域的发展概况，又聚焦有重大影响力的技术亮点，既展示重大成果、科技之美，又讲述背后的奋斗故事、历史经验。从某种意义上来说，《中国科技之路》是一部奋斗故事集，它由诸多勇攀高峰的科研人员主笔书写，浸透着科技的力量，饱含着爱国的热情，其贯穿的科学精神将长存在历史的长河中。这就是"中国力量"的魂魄和标志！

《中国科技之路》的出版单位都是中央级科技类出版社，阵容强大；各卷均由中国科学院院士或者中国工程院院士担任主编，作者权威。我们专门邀请了著名科技出版专家、中国出版协会原副主席周谊同志以及相关领导和专家作为策划，进行总体设计，并实施全程指导。我们还成立了《中国科技之路》编委会和出版工作委员会，组织召开了20多次线上、线下的讨论会、论证会、审稿会。诸位专家、学者，以及15家出版社的总编辑（或社长）和他们带领的骨干编辑们，以极大的热情投入到图书的创作和出版工作中来。另外，《中国科技之路》的制作融文、图、音频、视频、动画等于一体，我们期望以现代技术手段，用创新的表现手法，最大限度地提升读者的阅读体验，并将之转化成深邃磅礴的科技力量。

2016 年 5 月，习近平总书记在哲学社会科学工作座谈会上发表讲话指出，自古以来，我国知识分子就有"为天地立心，为生民立命，为往圣继绝学，为万世开太平"的志向和传统。为世界确立文化价值，为人民提供幸福保障，传承文明创造的成果，开辟永久和平的社会愿景，这也是历史赋予我们出版工作者的光荣使命。科技出版是科学技术的同行者，也是其重要的组成部分。我们以初心发力，满含出版情怀，聚合 15 家出版社的力量，组建科技出版国家队，把科学家、技术专家凝聚在一起，真诚而深入地合作，精心打造了《中国科技之路》，旨在服务党和国家的创新发展战略，传播中国特色社会主义道路的有益经验，激发全党、全国人民科研创新热情，为实现中华民族伟大复兴的中国梦提供坚强有力的科技文化支撑。让我们以更基础更广泛更深厚的文化自信，在中国特色社会主义文化发展道路上阔步前进！

中国编辑学会会长
《中国科技之路》编委会主任
2021 年 6 月

本卷前言

林草事业既是一项重要的公益事业，又是一项重要的基础产业。新中国成立以来，党中央、国务院高度重视林草工作，作出了一系列重大决策部署，有力推进了我国林草事业改革发展，林草事业也为国家经济社会发展和助力中华民族伟大复兴作出了重要贡献。

党的十八大以来，以习近平同志为核心的党中央把生态文明建设纳入"五位一体"总体布局，并将建设生态文明写入党章，开展了一系列根本性、开创性、长远性工作。森林、草原、湿地、荒漠等生态系统和野生动植物是陆地自然生态系统的主要构成，也是生态文明建设的主要内容。2018年中央和国家机关机构改革，决定新组建成立国家林业和草原局，加挂国家公园管理局牌子，负责统一组织推进大规模国土绿化、统筹山水林田湖草沙系统治理、统一管理以国家公园为主体的各类自然保护地以及监管利用森林、草原、湿地、荒漠和野生动植物资源的重要职责，这是党中央、国务院推进生态文明和美丽中国建设的重大战略安排。林草事业踏上了一个全新的历史征程。

林草事业历经变迁，但改善生态环境、促进经济发展、服务整个社会的核心目标没有变。70多年来，林草部门和数以万计的林草工作者讲政治、顾大局，善吃苦，甘奉献，在党中央、国务院坚强领导下，在生态建设和产业发展等方面取得了举世瞩目的成就。在全球森林资源持续减少的背景下，我国森林覆盖率提高到 23.04%，森林蓄积量达到 175.6 亿立方米，人工林面积稳居全球第一，实现了森林面积和蓄积量持续"双增长"，成为近 20 年来全球森林资源增长最多的国家。自 2004 年以来，全国荒漠化和沙化土地面积连续三个监测期"双缩减"，土地沙化面积由 20 世纪 90 年代末年均扩展 3436 平方公里转变为目前年均缩减 1980 平方公里，从"沙进人退"到"绿进沙退"，我国率先实现荒漠化土地零增长。建立各类自然保护地 1.18 万处，有效保护全国 90% 的陆地生态系统类型、85% 的野生动物种群、65% 的高等植物群落、50.3% 的天然湿地。近 200 种极度濒危野生动物物种得到抢救性保护，60% 的极小种群野生植物主要分布区得到有效保护，珍稀濒危物种野外种群数量稳中有升。2020 年林业产业总产值达 8.1 万亿元，我国已成为世界林产品生产、加工和贸易大国。这一系列成就，可谓光辉耀眼，也可谓充满艰辛。

取得这一系列成就，离不开林草科技工作者的努力和贡献。新中国一代又一代林草科技工作者，拥有着朴素坚忍的鲜明特质，传承着追求不歇的强大基因，涌现出一大批成就卓著、精神感人的科学家，创造了不凡的成绩。杉木、杨树、桉树、松树优良品种拔地而起，突破树种桎梏；困难立地造林技术等不断攻克，染绿祖国河山；"草方格"伏化沙魔，留下一片浓郁绿洲；大熊猫、朱鹮等濒危动物种群不断壮大，让大自然再现往日生机；奇花异草品种繁多，令人眼花缭乱，满足不同人群喜好；林草资源监测天地空技术设备全面改进，管理手段更加智慧……有的技术正在领跑世界，有的技术已经改变世界。林草事业的进步发展，就是林草科技进步发展的外在体现。

当今世界正处于百年未有之大变局。我国生态文明建设进入了以降碳为重点战略方向、推动减污降碳协同增效、促进经济社会发展全面绿色转型、实现生态环境质量改善由量变到质变的关键时期。世界新一轮科技革命和产业变革正在加速演进。机遇和挑战并存，压力和动力同在。必须坚持以习近平新时代中国特色社会主义思想为指导，坚持"四个面向"战略方向，坚持立足新发展阶段、贯彻新发展理念、构建新发展格局要求，把科技创新摆在林草事业发展全局的核心位置，把更高水平的科技自立自强作为林草事业高质量发展的战略支撑，加快完善国家林草科技创新体系，努力实现重点领域新突破，全面加快林草事业高质量发展，提升林草事业现代化水平。

总结过去是为了更好地开辟未来。编写本书，主要目的就是要集中反映在中国共产党领导下我国林草科技由弱到强的发展过程，展现我国林草科技工作者用心血和智慧凝聚的科技成果和宝贵精神。由于篇幅所限，主要选取了林草科技创新具有代表性的重点领域和重要成果。本书第一篇由郝育军、王登举、刘庆新撰写；第二篇第一节由于海燕撰写，第二节由丁昌俊、苏晓华、段爱国、陈东升、孙晓梅、周志春、季孔庶、陈少雄撰写，第三节由乌日娜、贾晓红、程磊磊、包岩峰、卢琦撰写，第四节由李伟、赵欣胜撰写，第五节由李春杰、胡小文、钱永强撰写，第六节由黄炎撰写，第七节由刘冬平撰写，第八节由覃道春、马千里、于文吉、李延军、刘志佳、翁赟撰写，第九节由唐丽娜、吕少一、韩雁明撰写，第十节由王开良、姚小华、任华东、裴东、张俊佩、马庆国、吴家胜、宋丽丽撰写，第十一节由刘玉鹏、孙康撰写，第十二节由赵凤君、舒立福撰写，第十三节由田昕、张怀清、符利勇撰写；第三篇由郝育军、刘庆新撰写。

　　国家林业和草原局对编纂本书高度重视，局党组成员、副局长彭有冬担任图书编纂工作领导小组组长，科技司司长郝育军，宣传中心主任、中国绿色时报社党委书记黄采艺，中国林业出版社有限公司党委书记、董事长、总编辑刘东黎担任副组长，有力加强了组织领导。本书除列入编委会和著者名单的人员外，参与有关组织工作和撰写稿件的还有国家林业和草原局科技司吴红军、宋红竹、程强，国家林业和草原局宣传中心杨玉芳、王小宇，中国林业科学研究院王军辉、叶兵、樊宝敏、于雷、黄宇翔、孙振凯、孙守家，中国绿色时报社杨玉兰、吴兆喆，北京林业大学李铁铮、潘会堂，福建农林大学翟俊文，《环球少年地理》江冲，马克斯普朗克免疫生物学表观遗传学研究所赵玉玲等领导和专家，在此一并表示感谢！

　　本书采用融合出版形式，为广大读者提供了丰富的音频、视频以及VR 配套资源，读者可通过微信扫描书中二维码直接体验。书中内容时间跨度较大，涉及诸多学科，不足之处在所难免，敬请各位专家、同行及广大读者批评指正。

中国工程院院士

2021 年 6 月于北京

目 录

第一篇

光辉奋斗历程

第二篇

成就绿水青山

第三篇

引领绿色未来

第一篇
光辉奋斗历程

　　无山不绿、有水皆清、四时花香、万壑鸟鸣，替河山装成锦绣，把国土绘成丹青，这是共和国第一任林业部长梁希先生的夙愿。70多年来，它激励着一代又一代林草科技工作者为实现这个梦想而不懈奋斗。如今的中国，无论是南海还是北疆，无论是在城市还是乡村，我们都可以真切地感受到，山越来越绿了，水越来越清了，沙尘暴越来越少了，生态环境越来越美了！中国林草事业发生了翻天覆地的喜人变化。

　　这一系列可喜变化的背后，都离不开林草科技的有力支撑，离不开一代又一代林草科技工作者的接力前行和呕心奉献。这一系列可喜变化的背后，是新中国林草科技事业坚定方向、克服艰难、不断奋进、创造辉煌的光辉历程。

　　1921 年中国共产党成立以来，在长期艰苦卓绝的革命斗争中，以毛泽东为核心的党的第一代中央领导集体就十分重视林草事业建设。1928 年，毛泽东同志在井冈山制定《井冈山土地法》时提出"山林分配法"，在当时建立的苏维埃政府开始实施林权制度分配改革。1932 年，毛泽东、项英等联合签署《中华苏维埃共和国临时中央政府人民委员会对于植树运动的决议案》，党中央首次提出植树运动绿化中国。1942 年，毛泽东同志在陕甘宁边区高级干部会议上作《经济问题与财政问题》报告中，再次强调在陕甘宁边区、晋察冀边区、山东解放区政府、河北、山西等地区开展植树造林运动。1944 年，毛泽东同志在延安大学开学典礼上讲话，提出"种树要订一个计划""应将植树作为合作社十大业务之一"。同时，我们党紧密团结了梁希、李范五等一批林业专家，为新中国成立后的林业发展打下了坚实基础。

一、1949—1978: 在百废待兴中昂首起步

　　1949 年，刚刚成立的新中国，满目疮痍，百废待兴。和大部分行业一样，林业事业基本上也是从零开始。新中国有多少森林资源，有多少荒山面积，荒山如何绿化? 新中国建设需要多少森林资源，又如何开发利用? 一个个迫切问题迎面而来，严峻考验着以梁希先生为代表的新中国第一代林业工作者。

　　为了弄清楚森林资源状况，1951 年，林垦部筹备应用航空摄影与航空

测量制图技术。1953 年，中国政府与苏联政府签订合同，苏联援助中国建设 113 个项目，其中包括大兴安岭的森林航空测量。1953 年在松江省（1954年撤销，并入黑龙江省）东南部大海林林业局进行航空测量试点。这次试

梁希（1883—1958），浙江吴兴人。中国科学院学部委员，中国杰出的林学家、教育家和社会活动家，中国近代林学的开拓者、林业界德高望重的一代宗师和新中国林业事业的奠基人。新中国成立后，任国家林垦部（后改为林业部）首任部长。1950 年被选为中华全国科学技术普及协会主席；1951 年当选为中国林学会理事长；1954 年当选为第一届全国人民代表大会代表；1958 年全国科联和科普联合召开全国代表大会，决定科联和科普合并，成立中华人民共和国科学技术协会，梁希当选为副主席。梁希提出了全面发展林业，发挥森林多种效益，为国民经济建设服务的思想，亲自深入调研，领导制订了新中国成立初期的林业工作方针和建设规划，在全国范围内初步建立了林业行政、科研、教育及生产体系，促进了新中国林业的蓬勃发展。长期从事松树采脂、樟脑制造、桐油抽提、木材干馏等方面的试验研究，创立了中国林产制造化学学科，是林产制造化学的奠基人。积极发展林业教育事业，陆续培养出一大批高、中、初级林业技术人员，彻底改变了林业人才贫乏短缺的局面。梁希是新中国成立以来以林业专家主持全国林业行政的第一人，他十分重视全面发挥森林的生态效益和经济效益，反对滥伐滥垦，使新中国的林业建设事业出现了突飞猛进、蓬勃发展的新气象。梁希写下的诗文中，有许多为林业界工作的人们传诵为佳句，如"无山不绿、有水皆清、四时花香、万壑鸟鸣，替河山装成锦绣，把国土绘成丹青，新中国的林人，同时也是新中国的艺人"。这一佳句永远激励人们为祖国的绿化事业努力奋斗！（杨绍陇　提供）

梁希
（自然万象　提供）

陈嵘(1888—1971),浙江安吉人。著名林学家、林业教育家、树木分类学家,中国近代林业的开拓者之一。他毕生从事林业教学、林业科学研究和营林实践工作,培养了大批林业人才,创立了具有中国特色的造林学;早年创办多处林场,并亲自参加植树造林活动,为中国林业教学实践和造林绿化事业作出重大贡献。他对树木分类学、造林学的研究有突出成就,被公认为中国树木分类学的奠基人。一生著述甚丰,其中《中国树木分类学》《造林学本论》《造林学各论》《造林学特论》《中国森林史料》等著作,学术性、实用性都很高,受到国内外林学界人士高度称赞,对发展中国的林业科学、促进林业生产、培养人才,都产生了积极的影响。权威性巨著《中国树木分类学》在20世纪30年代是全国大学林学系主要教材,林业科研生产中重要参考文献,直到80年代仍发挥着重要作用。他卓有成效地领导林业科学研究工作,强调营林科学研究工作的重要性,强调科研工作必须为林业建设服务。他多次强调把营林科研工作放到首要位置。这一战略思想,对中国林业建设以营林为基础的方针产生了巨大影响。(杨绍陇 提供)

点,在中国民用航空局机组人员的配合下,完成2700平方公里航空摄影,并应用航空摄影照片进行森林资源调查、试验区范围内的地面控制测量、制图等工作。

1955年,中、苏森林航测队协作完成了长白山、老爷岭与金沙江、雅砻江等主要林区1763.9万公顷航空摄影。1954年以后,我国主要国有林区逐年进行大面积的1∶25万比例尺航空摄影、航空调查、综合调查业务,建立起一套以目测为基础的森林资源调查方法。

1957年,林业部组建的航测队划归中国民用航空管理局领导。1957年以后,先后完成大小兴安岭边缘地区、天山、阿尔泰山、云南、甘肃、湖南、江西、广西等林区的部分地区航空摄影共计 301191.48 平方公里，金沙江、雅砻江及其支流河道摄影 3100 公里。

至 1964 年，全国主要林区第一轮航空摄影结束。总计完成 1：2.5 万比例尺摄影面积 711270.71 平方公里，河道带状摄影 7805 公里，航空视察带状摄影 29187 公里，减少了地面测量劳动，提高了工作效率，节省了人力、物力。

这是我国林业领域当时使用的"高新技术"，但这些技术主要是靠国外支持提供的。

机械造林是我国 20 世纪 50 年代发展起来的另一项造林新技术。机械造林是指用拖拉机牵引机具进行造林作业。1953 年，我国在吉林省开通县（今通榆县）建立第一个国营机械林场，接着又在黑龙江、内蒙古等省份建立一

永远的贮木场（陈化鑫 提供）

拖拉机集材（陈化鑫　提供）

森林小火车运材（陈化鑫　提供）

机械卸材（陈化鑫　提供）

飞机防治（王宇新　提供）

批国营机械林场。

　　在森林采伐机械化方面，在当时也是有一定科技含量的。1952年，东北、内蒙古林区开始试用民主德国的哈林－100和苏联的瓦克勃电锯，引进英国的马克林和苏联的派司－12移动电站作为电源。但由于电锯重以及电站电缆移动不便等原因，未能推广。1954年又引进单人操纵的采尼麦－克5型电锯，亦因电源问题未能推广。1956年从苏联引进友谊牌油锯，在黑龙江省带岭林业实验局试用后，认为此种油锯较轻、携带方便、效率高、伐木安全。在集材环节，1950年从苏联引进KT－12、斯大林80和阿特兹三种型号的拖拉机，在黑龙江省伊春林区试用于集材，其中，KT－12拖拉机较为适用，而斯大林80和阿特兹拖拉机不久就被淘汰。50年代后期，伴随原条集运材工艺的产生，机械装车逐步发展起来。按原动力的不同可分三种类型：拖拉机装车、绞盘机装车、汽车起重机装车。

为了统一木材规格与计量单位，林业部于 1952 年着手制定《木材规格》《木材检尺办法》《木材材积表》三个技术标准，1953 年经政务院财政经济委员会批准于 1954 年颁布执行。这是我国在木材生产上走向标准化的第一步。

在护林方面，我国一开始就用上了飞机开展航空护林。1952 年，林业部在东北、内蒙古林区的嫩江、博克图和呼玛建立三处航空护林基地，配置爱罗－54 型和 C－47 型飞机 5 架，担负部分林区的巡护报警任务。在森林病害防治方面，1954 年林业部森林综合调查队开始对东北大、小兴安岭，云南西北部，四川西部，新疆阿尔泰山、天山，甘肃白龙江，海南岛尖峰岭等地的天然林进行了综合性调查，其中包括森林病害调查，并取得了一些调查资料。这是新中国成立后最早的一次森林病害调查活动。50 年代，苗圃中发生了松杉幼苗立枯病（猝倒病），林业科技人员曾对

1964 年，科技工作者在海南尖峰岭观察柚木苗（中国林业科学研究院　提供）

科技工作者在测量苗木（李晓军　提供）

捕捉害虫（王宇新　提供）

1956 年，科技工作者在小兴安岭天然林区（现伊春市五营镇）进行红松林树干解析调查（中国林业科学研究院　提供）

此病的发病规律及防治技术做过一些试验研究。

在改进林产化工技术方面，1949 年以前，松脂采割与加工都用土法，产品色泽深、杂质多，所需高级松香都依赖进口。1951 年 6 月，林垦部组织人员在浙江省临安县余杭林场改进采脂方法试验，制定了一整套下降式采脂方法。栲胶生产当时主要以剥树皮为原料生产栲胶，产量只有全国需要量的 1%。1952 年，内蒙古浸膏厂（后来改为牙克石木材加工栲胶联合厂）开始筹建。这是新中国成立以后建设的第一个栲胶厂。1955 年，林业部组织各省份调查栲胶资源，共发现含单宁植物 300 多种，编印了《我国植物鞣料资源》一书，供全国有关单位参考。

在木材防腐技术方面，20 世纪 50 年代初期，铁道部着手开发枕木防腐技术，加强枕木防腐研究。1953 年，林业部林业科学研究所（现中国林业科学研究院）设置木材防腐组，研究木材防腐技术。林业部从木材保存问题入手，1954 年组织制定了《东北、内蒙古地区木材保管条例》。

在这个时期，新中国林业科学研究机构也开始加快建立。1949 年北平解放后，华北荒山造林试验场（西山普照寺）、华北林业试验场先后并入华北农业科学研究所森林系。1950 年该系移交林垦部。1951 年，梁希部长主持的第三次林垦部务会议决定在森林系（50 余人）的基础上筹建中央林业实验所。1951 年春（在东小府 2 号）开始基本建设。1952 年，林业部将西南木材试验馆（20 多人）迁京并入中林所筹委会，又从哈尔滨东北森林工业局化工处调入 10 多人到北京，此时筹委会已达 90 多人（干部 60 人）。1952 年 12 月 22 日，经林业部批准，中央林业实验所改称为林业部林业科学研究所，于 1953 年 1 月 1 日正式成立。1953 年 1 月 26 日林业部第二次部务会议，对林业部林业科学研究所今后工作做出决定：确定 1953 年的科研重点为造林技术研究、病虫害防治、木材物理力学性质测定。林业部林业科学研究所由梁希部长直接领导。1956 年 8 月 28 日林业部第九次部务会议决议，为了适应林业部已分为两个部的情况和工作需要，林业科学研究所决定分为两个所（林业研究所、森林工业研究所）。林业所设有 4 个研究室，1957 年增加到 11 个研究室。森工所由原来两个室扩建为三个室、两个组。1958 年 10 月 20 日，国务院科学规划委员复函林业部，同意正式成立林业科学研究院。同时，1952 年，在全国高等院校院系调整中，按区域成立了北京林学院、东北林学院、南京林学院 3 所林业院校。新中国林业科学研究机构体系开始建立。

二、1978—1998: 在改革潮起中持楫奋进

1978年3月，中共中央、国务院在北京隆重召开全国科学大会。邓小平同志作出了"科学技术是生产力"的重要论断，推动科技事业进入了全面发展的大好时期，中国迎来了"科学的春天"。

在改革开放开始至世纪之交的20多年，我国林业科学技术得到了快速的发展。

1. 在基础林业科学技术方面

（1）树木学研究全面发展。林学家郑万钧在树木学上做了大量研究，在20世纪80年代前后，先后命名、发表树木新种100多个和3个新属。1978年，郑万钧编著《中国植物志：第七卷 裸子植物门》由科学出版社出版；《中国树木志》第1卷、第2卷分别于1983年、1985年出版。吴中伦等编著的《华北树木志》于1984年出版。周以良等编著《黑龙江树木志》、魏士贤主编《山东树木志》、徐永椿主编《云南树木志（上卷）》、刘业经等著《台湾树木志》。80年代林业部组织编写《中国森林》。80年代以来，林学界在总结科学研究成果与群众实践经验的基础上，陆续编写了一批重要树种专著，如南京林产工业学院（现南京

部分林业专著（王远　提供）

林业大学）竹类研究室编著《竹林培育》(1974年)、中国林业科学研究院林业土壤研究所编著《红松林》(1980年)、吴中伦主编《杉木》(1984年)、徐纬英主编《杨树》(1988年)、庄瑞林主编《中国油茶》(1988年)。

（2）树木生理生化研究全面启动。20世纪70年代后期，中国林业科学研究院和一些省级林业科学研究所已设立树木生理生化研究室或实验室，全国10多所高等林业院校都设有树木生理生化教研室、实验室或分析中心。研究内容上，初期主要集中在激素应用、水分生理、营养生理等几个领域，

郑万钧（1904—1983），江苏徐州人。中国科学院学部委员，著名林学家、树木分类学家、林业教育学家，中国近代林业开拓者之一。1948年5月，郑万钧与胡先骕联名在《静生生物调查所汇报（新编）》第1卷第2期上发表《水杉新科及生存之水杉新种》一文，将水杉的学名确定为 *Metasequoia glyptostroboides* Hu et Cheng，明确了水杉在植物进化系统中的重要地位。这一成果得到了国内外植物学、树木学和古生物学界的高度评价。美国加州大学教授钱耐评价说："发现活水杉的意义至少等于发现一头活恐龙。"郑万钧是水杉的命名人之一。他识别出水杉是一个新种、新属，指导模式标本采集，开展生长分布调查及其育苗和造林技术的研究。（杨绍陇　提供）

1964年，郑万均院长亲手种下了一棵南洋杉，10年后郑老在南洋杉前合影（中国林业科学研究院　提供）

郑万钧
（自然万象　提供）

蒋有绪（1932—），上海市人。中国科学院院士，著名林学家、生态学家。我国森林生态系统定位研究及其网络化的开创者和奠基人，森林群落学、林型学的学科带头人。全面推动中国森林生态系统结构与功能的研究发展，提出有理论和方法特色的完整的中国森林群落分类系统框架及其在中国森林资源调查体系中的应用。（张炜银　提供）

后来逐步发展到光合作用、代谢生理、种子生理、环境生理、生长发育、组织培养、实验技术等方面。

（3）森林土壤学研究逐步启动。20世纪80年代以来，中国林学会和中国土壤学会召开了三次全国性森林土壤学术讨论会，并将会议论文选编出版了《森林与土壤》三册，推动了森林土壤学研究的发展。罗汝英《森林土壤学（问题和方法）》(1983年)，对森林土壤分类和生产力评价、森林生态系统中矿质营养元素和水分循环、土壤诊断、试验设计与数据处理、根—土关系的研究做了系统论述。中国林业科学研究院林业研究所主编《中国森林土壤》(1986年)，着重研究森林土壤基本特性，探索提高森林土壤生产力的措施。

（4）森林生态系统功能定位监测建设发展。20世纪50年代末，国家结合自然条件和林业建设实际需要，在川西、小兴安岭、海南尖峰岭等典型生态区域开展了专项半定位观测研究，并逐步建立了森林生态站，标志着我国生态系统定位观测研究的开始。1978年，首次组织编制了全国森林生态站

大岗山森林生态站
（CFERN 提供）

江西大岗山森林生态系统国家野外科学观测研究站由我国著名森林生态学家、中国科学院院士蒋有绪先生创建，1984 年经国家林业部批准正式建站。属亚热带季风湿润区，主要植被类型为常绿阔叶林、毛竹林和杉木林等，是国内外唯一以毛竹林生态系统结构、功能及生态过程为研究对象的国家级森林生态站（CFERN 提供）

发展规划草案。随后，在林业生态工程区、荒漠化地区等典型区域陆续补充建立了多个生态站。1992 年修订了规划草案，成立了生态站工作专家组，初步提出了生态站联网观测的构想，为建立生态站网奠定了基础。1998 年起，国家林业局逐步加快了生态站网建设进程，新建了一批生态站，形成了初具规模的生态站网络布局。

2. 在森林培育科学技术方面

（1）林木遗传育种。随着中央与各地林业科研、教育机构的恢复和加强，有力推动树木改良科研工作取得新发展。首先，种源研究取得重要进展。由中国林业科学研究院主持，有 14 个省份参加的全国杉木种源试验，系统地揭示了杉木地理变异，确认杉木种源区，为各杉木造林区选定了一批优良种源。其次，进一步引入新树种。20世纪80年代加强与各国的树种交换，对于桉树等重要造林树种，在清查过去成果基础上，提出了新的引种名录。再次，良种繁育研究进展显著。70年代后期以来，林业科研、教育部门，积极参与良种繁育体系的研究和建设。此外，容器育苗等新技术的研究和应用也在80年代前后取得了新成果。进入90年代以后，苗木培育更加重视技术含量，且苗木质量评价从单纯形态指标评价基础上，建立了生理指标和形态指标结合的综合性评价体系。在森林资源培育方面，困难立地造林技术、盐碱地造林技术的突破，大大提高了造林成活率。立地控制、密度调控、水肥调控、干形培育等森林资源集约栽培关键技术的应用，使单位面积森林蓄积生长量平均提高15%以上；人工林定向培育技术体系的应用，使单位面积的蓄积生长量平均提高30%以上。

（2）防护林体系建设。防护林建设一直是我国生态建设的重点，如三北防护林、长江中上游地区防护林、平原农区防护林等，也是我国科技攻关和推广示范的重点。防护林类型包括防风固沙林、水土保持林、水源涵养林、海岸防护林及农田防护林等。

1978—1998年，防护林研究主要集中在对各种防护林类型的树种品种的选择、营建技术、林分结构、更新、农林复合经营及生态经济效益等方面，并取得了显著成果，为我国防护林的成功营建发挥了重要作用。

特别是进入90年代以后，国家自然科学基金重点资助研究混交林树种间相互作用机理，使混交林研究达到了一个新的高度，从简单的混交组合筛选及混交技术研究，开始向树种间相互作用机理的探索，从营造纯林为主向营造以提高人工林稳定性、保护生物多样性为主要目的混交林发展，体现出我国森林培育向定向、高效、集约化迈进。

新疆维吾尔自治区防护林（阿不力克木·艾买提　提供）

（3）经济林培育研究从个体水平向细胞水平深入。1978 年以后，随着改革开放和商品生产的发展，经济林生产逐步得到全面发展。"六五"期间，全国主要经济林产品油茶、核桃、红枣、板栗、生漆、八角、棕片等，产量都超过历史最高水平。1987 年，林业部编制《1988—2000 年全国名特优商品生产基地建设规划》，确定在全国重点建设 500 个基地县，发展经济效益高、市场需求量大的名、特、优林果生产，南方以木本油料为主，北方以干鲜果品为主。为加快基地建设，国家与各省份还安排了专项贷款，同时，加强了科学研究和技术推广工作，从而促进了经济林的全面发展。

改革开放至 20 世纪 90 年代末，油茶低产林的更新改造、品种选择和野生林果的开发利用这三个重要成果支撑了油茶的发展。其一，油茶低产林更新改造 80 年代启动，90 年代开始全面发展。1984 年，世界粮食计划署援助中国油茶低产林更新改造，通过更新改造，开始改变经营落后状况，为推动各地提高油茶经营水平取得了经验；1990 年，油茶低产林改造项目纳入了国家农业综合开发计划，推广先进技术；随后，林业部制定了《油茶低产林改造项目技术管理办法（试行）》，通过各油茶主要产区因地制宜地组装配套，首先创造区域

油茶（王开良　提供）

性的高产稳产样板，然后以点带面，推动油茶低产林的改造工作全面开展。其二，果树生产从 20 世纪 70 年代末开始蓬勃发展，不少地区把发展果品作为振兴经济的突破门，积极推广先进科学技术，使主要干鲜果品的产量逐年上升。其三，野生林果从 20 世纪 70 年代后期开始，逐步开发利用。沙棘加工产业从 1984 年开始发展，兴起了沙棘饮料、啤酒、汽酒、果酱、油脂、药品等加工热潮，而以往沙棘林的作用主要是保持水土和提供薪柴。

3. 在森林保护科学技术方面

（1）森林防火综合模式。进入 20 世纪 80 年代，我国森林防火事业经过多年停滞后得到迅速发展。通过吸收国外先进林火管理思想和科学技术，结合我国实际提出了综合森林防火模式，在林火预防、林火监测和扑救等方面取得了很大进步。其一，建立了适合当地的林火预报方法，并由简单的火险天气预报发展为多指标综合的森林火险等级预报方法，如综合指标法、双指标法、火险尺法、福建省火险预报方法、广东省森林火险预测方法。其二，多种卫星资

浴火演练（广东省
林业局 提供）

源包括 NOAA、EOS、FY 等在林火监测上得到应用，卫星热点判别技术也
得到不断改进。其三，多种新型灭火工具得到应用和改进，灭火方法和技术不
断创新，水灭火技术得到迅速发展。林火对森林生态系统影响方面的研究取得
一定的进展，计划烧除技术在一定范围内得到应用，防火林带技术得到广泛应
用，深入开展了森林抗火性、火后植被恢复、林火与全球变化和对碳循环的影
响等方面的研究。

（2）从森林病虫害综合防治到森林病理研究。20 世纪 80 年代，森林病
害防控理念以综合治理为主。1979—1983 年在全国（除西藏地区）范围内开
展了森林病虫害普查。通过森林植物检疫，达到控制和防止危险性的病虫害威
胁到森林资源的目的。1981 年开展了较大规模的综合防治松毛虫和杨树天牛
的试点工作。经过 5 年的综合治理，基本上扭转了受害林区松毛虫和天牛年年
大发生的局面，在经济、生态、社会效益等方面都取得了明显效果。森林病害
防控理念更加注重可持续治理，开始关注森林病理学基础方面的研究。

释放白蛾周氏啮小蜂防治美国白蛾（柴守权 提供）

红脂大小蠹性诱捕器（尤德康 提供）

2006 年北京市采用飞机喷药防治美国白蛾（孙玉剑 提供）

4. 林产化学加工科学技术方面

在制浆造纸领域，1979 年，国家林业部在北京召开小纸浆厂座谈会，清理了一批在建的小纸浆厂，确定进一步开展废水治理工作，提出有条件的小纸浆厂可改建为造纸厂。到 1990 年，全国林业系统共有 25 个造纸厂，其中，年产万吨以上的 4 个，总生产能力 11.38 万吨。1986 年，中国林学会林产化学化工学会在黑龙江省柴河纸板厂召开第二届全国林业纸与纸板学术会，会上讨论了"林纸联合"问题。1987 年，中国林学会和中国造纸学会共同在北京召开林纸联合论证会后，向国务院提出了"林纸联合"的建议。南京林业大学、中国林业科学研究院林产化学工业研究所等单位对以桉树、杨树等阔叶树为原料造纸进行了研究。在林化产品加工方面，改革开放以后，林业部及相关研究机构通过对高产脂树种的选育、开展化学采脂研究、扩大松脂连续化生产比重以及广泛开展松香深度加工。1987 年，发布了《栲胶原料与产品的检验方法》和 8 种栲胶的国家标准。20 世纪 80 年代以来，中国林业科学研究院资源昆虫研究所对引进的优良紫胶虫种进行了试放和扩大培养，对紫胶虫寄主树良种选育、紫胶虫天敌白虫防治技术和紫胶虫采种期测报技术等做了研究。

三、1998—2018：在世纪开局中振翅高飞

　　1998 年，长江、嫩江发生特大洪水灾害。2000 年，新世纪之初，沙尘暴袭击北京城。一系列严重的自然灾害，引发全社会深刻反思。1998 年，有人评论，这一年是中国的生态元年。

　　这一年，林业部改组为国家林业局。随之而来的是，天然林保护、退耕还林等六大林业重点工程开始实施，中国林业由以木材生产为主的发展阶段向以生态建设为主的发展阶段转变。中国迎来快速造林绿化、加强生态建设的新时期。

1. 林业发展战略研究

　　2002 年，国家林业局组织以中国科学院和中国工程院院士、专家领衔，跨部门、跨学科的科研人员 300 余人，涉及林学、林业工程学、生态学、环境学、农学、生物学、法学、经济学和社会学等 40 多个学科和专业，撰写完成一部科学力作《中国可持续发展林业战略研究》，提出了"确立以生态建设为主的林业可持续发展道路；建立以森林植被为主体的国土生态安全体系；建设山川秀美

中国可持续发展林业战略研究成果出版
（王远　提供）

的生态文明社会"的总体战略思想，简述为"生态建设、生态安全和生态文明"的"三生态"战略思想，为 21 世纪林业建设指明了发展方向。

新疆维吾尔自治区天然林资源保护工程区建设成效（贾殿周　提供）

2. 林业生态工程建设

　　围绕天然林保护、退耕还林还草、三北防护林、长江黄河防护林、太行山绿化、平原农区防护林、沿海防护林等林业生态工程急需解决的关键技术，国家林业局联合科技部设置"林业生态工程技术研究与示范"科研项目，连续 20 年在黄土高原、太行山、长江流域和沿海等典型区域，重点开展"树种选择、结构配置、效益监测、模式优化"等技术研究，攻克红树林快速恢复与重建技术，在 3 个省份推广应用造林 4.8 万亩 *，防护能力提高 20%~25%。集成了三峡库区防护林植被恢复模式系统，支撑全流域森林覆

---

* 亩为非法定计量单位，1 亩 1/15 公顷。

盖率由 19.9% 提高到 35%。在生态工程建设实际工作中将共性技术研究与试验示范有机结合，进一步整合集成优化，显著支撑生态工程质量提升，为维护国土生态安全、保障粮食安全、应对气候变化提供有力科技支撑。

3. 荒漠化防治

围绕京津风沙源治理工程和三北防护林工程建设，2002 年，国家开始启动京津风沙源治理工程一期，而后二期、三期京津风沙源治理工程相继启动实施。科技部将荒漠化防治列入科学技术发展规划，强化科学防沙治沙顶层设计，通过系统部署"973"计划、"863"计划、科技支撑计划、自然科学基金等国家科技项目，加强对沙漠、戈壁基础信息调查，荒漠化发生机制、退化植被恢复与重建机理等基础理论研究，以及荒漠化治理急需的关键技术攻关。梳理总结出生物措施、工程措施和化学措施等 3 种技术模式，创制"三圈"治沙、低覆盖治沙等多项实用治沙技术，构建封沙育林（草）、农田防护林网建设、机械沙障保护下的灌木造林治沙、防护林体系建设、公路治沙以及治沙护路等多种综合治理模式，攻克了一系列世界治沙技术难题，

黄河上中游工程区恩格贝示范区库布其沙漠飞播造林前布设的人工沙障（国家林业和草原局宣传中心　提供）

马建章（1937—），辽宁阜新人。中国工程院院士。我国野生动物保护与利用学科和自然保护区管理高等教育的奠基者和开拓者。长期致力于野生动植物和生物多样性保护。20世纪60年代在我国创建野生动物保护专业，结合国情首先提出"加强资源保护，积极驯养繁殖，合理经营利用"野生动物管理方针，成为我国野生动物管理的理论和法律基础；编著了中国第一部《野生动物管理学》和《自然保护区学》。

（魏焕勇　提供）

形成了国家、省（自治区、直辖市）防沙治沙技术推广网络，普及和推广荒漠化防治知识与技术，打造出科技治沙的"中国样板"。

4. 珍稀濒危野生动植物保护

进入21世纪，通过不断完善野生动植物保护管理制度体系，强化科技研发投入，主要开展野生动物栖息地保护、恢复与重建，珍稀濒危物种拯救繁育，以及野生植物就地迁地保护和回归自然等技术研究，有效保护了90%的植被类型和陆地生态系统、65%的高等植物群落、85%的重点保护野生动物种群。大熊猫、朱鹮、藏羚羊、苏铁、珙桐等珍稀濒危野生动植物种群实现恢复性增长。全球大熊猫圈养总数达到633只，朱鹮由最初的7只发展到目前的7000多只。对德保苏铁、华盖木、百山祖冷杉、天台鹅耳枥等近百种极小种群野生植物实施了抢救性保护，有效维护了生物多样性。

5. 林业应对气候变化

开展碳汇造林项目和森林经营项目碳计量与监测方法学研究，CDM退化土地再造林方法学成为全球第一个被正式批准的方法学。编制《中国碳汇造林项目碳计量与监测方法

杏黄兜兰野外回归试验（国家林业和草原局宣传中心　提供）

学》《中国森林经营项目碳计量与监测方法学》，为推进碳汇造林项目、促进林业碳交易提供标准工具和方法指南。基于第七、八、九次中国森林资源清查数据和森林生态站的长期监测数据，开展了三期森林生态服务功能物质量和价值量评估。全国林地林木资源总价值 25.05 万亿元，为编制林木资源资产负债表和探索生态产品价值实现机制奠定重要基础。

6. 陆地生态系统定位观测研究网络

2003 年召开了全国森林生态系统定位观测研究网络工作会议，正式成立中国森林生态系统定位观测研究网络，此后，陆续建设湿地、荒漠、城市、竹林、草原等类型生态站，形成陆地自然生态系统定位观测站网络化发展格局。目前，已建设森林、草原、湿地、荒漠、城市、竹林等 6 种类型生态站 210 个，成为集野外观测、科学试验、示范推广、科普宣传于一体的大型野外科学基地，也是培养生态学、林学等科研人才的重要基地。其中，森林生态站网已基本形成横跨 30 个纬度的全国性观测研究网络，形成了由北向南

沈国舫（1933—），上海市人。中国工程院院士，著名林学家、生态学家、林业教育家。我国混交林营造和造林密度研究的开拓者，首次提出林木速生丰产指标，将适地适树研究推进到定量阶段；创建了有中国特色的森林培育学教学体系，主编全国统编教材《造林学》《森林培育学》；倡导开展国内城市林业的研究；联合主持开展了生态文明建设若干战略问题研究，成果促进了我国生态建设和保护事业的发展。

（贾黎明　提供）

沈国舫
（北京林业大学　提供）

以热量驱动和由东向西以水分驱动的生态梯度十字网，一些生态站还被 GTOS 收录，并且与 ILTER 、 ECN 、AsiaFlux 等建立了合作交流关系。

7. 主要速生树种遗传育种研究

20 世纪 90 年代以来，林木遗传育种研究成为热门。我国划分出主要造林树种的国家育种区，创新育种技术体系，完善了林木生态育种理论，实现林木良种选育由"单一泛性"向"分育种区多样专适"的育种策略过渡，使我国林木育种理论和技术达到国际同类研究水平，部分树种研究甚至引领世界，成为世界四大林木育种研究中心之一。

主要造林树种按产量、品质、抗逆性的育种目标，分通用材、定向培育两阶段各有侧重地开展了重要树种的多世代育种工作，构建了一批育种群体，并实现了种子园矮化果园式经营的目标，研发了重要树种的早期选择模型构建、多性状联合选择等技术，采用常规育种手段与现代生物技术相结合的手段，选育出一批高产优质高抗的林木良种。

基于轮回选择不断推进以选择、交配、遗传测定为核心的育种循环，主要造林树种大多进入第 1~2 代遗传改良阶段，少数进入第 3 代甚至更高遗传改良阶段；一些阔叶树种在此基础上开展远缘杂交和多倍体育种，遗传增益进一步提高 30% 以上。

8. 主要林木培育

建设林木种质资源保存库 222 处，保存林木种质 13.5 万份，来自于 204 科 866 属 3550 种。重点开展速生用材树种、珍贵树种、经济林树种等遗传改良、种苗繁育、定向培育和高效经营等技术研究，开展育、繁、推一体化技术体系研究，建立中国重要造林树种速生、丰产、优质、高效培育技术体系，建立国家重点林木良种基地 226 个，良种使用率达 65%。选育出 '108 杨' '渤丰杨' 等 96 个新品种，覆盖中国杨树主栽区面积 82%，在中国 26 个省份推广 3000 万亩。提出杉木大中径材培育技术，杉木主产区产量平均提高达 20%；选育出耐寒桉树新品种，使中国桉树生产区平均北移约 300 公里。选育覆盖纸浆材和结构材专用良种 17 个，提出纸

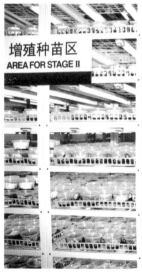

种苗培育基地
（国家林业和
草原局宣传中
心 提供）

浆材速生丰产培育技术，构建落叶松优质高产培育综合技术体系，使林分生长量平均提高 13.8%。选育材用和脂用良种 32 个。提出材脂兼用林培育关键技术，使马尾产脂提高 30%。

研制的植物生长调节剂——ABT 生根粉，广泛应用于林木、果树、花卉等 1582 种植物的扦插育苗、播种育苗、苗木移栽等生产活动，可缩短生根时间，提高成活率，促进根系生长发育、加速幼苗生长、增强植物抗旱能力。推广覆盖中国 80% 的县市区，推广 1500 多万公顷。荣获中国林业行业唯一一个国家科技进步奖特等奖。建立起以亚太地区为核心，发展中国家为骨干，吸收发达国家学者与公司参加地跨 5 大洲，由 40 多个国家组成的 ABT 国际合作网络，荣获 6 个国家和国际组织的 12 项金奖及特别奖。研发的轻基质网袋容器育苗技术应用于 150 多个主要造林树种网袋容器播种育苗和扦插育苗，在我国大规模推广应用，建立网袋容器苗和嫩枝扦插育苗生产线和基地 300 余处，繁殖优良品种苗木 20 多亿株，造林 1000 余万亩，有效支撑中国生态建设和林业产业发展。

9. 特色经济林提质增效技术

我国木本油料资源丰富，种植面积已超过 1000 万公顷，选育出 600 多个良种，并在丰产栽培和产品开发等方面取得一定进展。在全国筛选'长林''亚林'等 121 个油茶良种作为主推品种，油茶造林基本上实现了良种化，攻克科学选择品种配置栽培模式，形成以良种配置技术为核心的栽培技术体系，很好地解决了新造良种油茶结实少的难题。亩产茶油已由过去的 5~10 千克提高到 40~50 千克，全国油茶种植面积达到 6800 万亩，总产值 1160 亿元。解决核桃良种无性繁殖的世界性难题，培育出鲜食、抗晚霜和抗病等 10 余个特色品种，提出芽接新技术，建立核桃主产区优质高效栽

龙胜茶园丰收

（柴守权 提供）

培技术体系，使核桃平均产量提高 3 倍以上，我国一跃成为世界第一大核桃生产国。特色经济林培育已在栽培管理、品种选育等方面发生了深刻变化，研究工作从个体水平向细胞和分子水平转变，更加注重数量性状和质量性状相关性的研究。

10. 木材加工制造

进入 21 世纪，海外资本与民营资本快速进入木材加工各个生产领域，推动我国木材加工产业加速迭代升级。主要开展人造板智能制造、竹基纤维复合材料、木塑复合材料等关键技术研究，形成竹材工业第四代标志性技术，木制品增值 15% 以上，为林业产业总产值年均增速 20% 以上提供强有力的科技支撑。

我国人造板装备制造业开始进入连续压机时代。2003 年人造板连续辊压线实现国产化，2008 年连续平压线实现国产化，2011 年以来，人造板工业跨入 3.0 时代，人造板行业总体由规模扩张向质量提升转变，开发出大豆基无醛胶黏剂等新产品，呈现由传统产业向新兴产业调整的趋势。目前具有自主知识产权的 2 米／秒以上的薄纤维板高速连续压机生产技术领跑世界。依靠技术进步和社会需求，中国早已成为世界人造板生产、消费和贸易第一大国。

木竹纤维复合材料和木塑复合材料实现小材大用与劣材优用，改性三聚氰胺树脂增硬人工林杨木处理、强化人工林杉木贴面材制造等技术，实现了用资源丰富且可持续经营的人工林木材替代近于枯竭的天然硬质阔叶材类家具及装饰材料，形成了重组材和木塑复合材料等较为成熟的改良产品。研发了自主产权的重组新技术，先后实现了重组竹和重组木的产业化应用，产品出口至美国、英国、德国等 46 个国家和地区。2016 年被国家发展改革委列入《国家重点推广节能低碳技术推广目录（2016 年本 低碳部分）》，2020 年，被列入国家发展改革委、科技部、工信部和自然资源部联合发布的《绿色技术推广目录》，成为林草行业唯一入选技术。

形成了我国具有独立知识产权的木塑复合材料技术体系，形成以填充聚乙烯（PE）、聚丙烯（PP）为主的户外景观产品和以填充聚氯乙烯（PVC）为主的室内装饰产品两大分支。2006 年实施的《国家中长期科学和技术发展纲要》，将生物质（木塑）复合材料主题列入优先发展主题。同年 9 月，木塑建筑材料被批准在北京奥运会场馆建设中使用，木塑复合材料终于站到了殿堂级的业界高处。

11. 竹产业技术创新

我国政府十分重视竹业科技发展，从"九五"开始连续 4 个五年计划单独设置竹藤科研攻关国家项目，目前，我国已经成为世界竹产业的主要技术研发国。突破优良竹子种质选育与繁殖、竹林高产低耗培育以及竹材自动化、机械化、智能化采收与加工等核心技术难题，开发出 3 大类共 32 种新技术新产品，产品在建筑、装饰、食品和环境等领域广泛应用，形成了从品种创制、资源培育、原料收储、制造加工到产品服务一体化的产业技术创新链，大幅度提高竹材工业化、规模化利用水平。国际标准化组织——竹藤技术委员会秘书处落户北京，实现我国林草领域国际标准化组织秘书处零的突破。

12. 林业机械装备

我国林草装备产业发展迅速，产品研发取得明显进展。野外机械动力由人力、畜力为主开始向燃油动力、大能量蓄电池为主；操作方式由手动操作为主向自动操作、智能操作为主转变；机械功能由单机作业向多机联合作业、天地空网络智能化综合作业发展。加工机械、森保机械基本跟上了国家制造业发展步伐，实现了产业更新改造和优化升级，部分机械装备达到或者接近国际先进水平。国内能够生产各类林业机械设备 2400 多种，国内市场占有率达 80% 以上，在长三角、珠三角、环渤海、四川等地区形成了一批产业集群地，产生了一批具有行业代表性企业，日益成为我国林业机械行业参与国际国内市场竞争的中坚力量。

宋湛谦（1942—）上海市人。中国工程院院士，著名林业工程与林产化学加工专家，我国松脂化学利用及其工程化开发的开拓者。长期从事林产化学加工研究和工程化开发工作，率先进行松脂化学深加工及系列化产品的研制和工程化开发，提出松脂深加工与精细化工相结合的新思路，先后研制聚合松香和氢化松香等 30 多种产品，获得显著经济社会效益，并实现技术出口。首次系统研究我国松属松脂化学特性，为我国松树化学分类和松脂资源利用做出了突出贡献。（刘鹤 提供）

13. 林产化工

随着人们对能源和环境的日益重视，林产化工由传统的松脂化学与利用、木材水解与热解、植物有效成分提取和木材制浆造纸等方向，向生物质能源、生物质化学品、生物质高分子材料等在内的林业生物质化学与过程研究领域拓展。

进入 21 世纪，林业造纸技术研究主要集中在高得率制浆、化学机械浆和生物制浆技术等方面。其中，研发的混合材高得率清洁制浆关键技术，打破被国外长期垄断的局面，成果覆盖我国高得率浆总产能的 70% 以上，成套技术与装备出口马来西亚、芬兰、奥地利、澳大利亚等国家。创制了具有自主知识产权的松脂基精细化学品，成功应用于"神州五号"飞船，扭转我国松香等产品对国外进口的依赖局面。实现了木本油脂替代石化资源制备生物基精细化学品和高分子材料，并开发出系列油脂精深加工产品。

1998 年，成功研制出国内第一个 E1 级胶合板用 UF 胶，2006 年开发出低成本 E0 级胶合板用 UMF 胶，2013 年开发双组份豆粕胶制备与应用关键技术，并应用于纤维板、刨花板、多层实木地板和细木工板等人造板生产，产品甲醛释放量达到无醛级，被社会广泛接受使用。突破提取物高效加工及清洁循环利用关键技术，开发出天然药物、保健品、生物农药、润滑剂、表面活性剂等新产品 100 余种，广泛用于食品、饲料、保健、医药等行业，获得良好的经济与社会效益。

以秸秆、木屑、枝桠、果壳等农林剩余物为对象，突破热化学转化制备高品质液体燃料、生物燃气与活性炭材料关键技术，构建生物质多途径全质利用工程化技术体系，有力推动中国农林生物质产业的快速发展。建立 30 条生产线，成套技术装备出口菲律宾、越南、英国、德国等 10 多个国家。

2018 年，国家林业和草原局正式成立。从这一年开始，林草事业进入一个全新的发展阶段。我国林草科技事业在实践中不断发展壮大，学科体系逐步完善，科研领域不断拓展，创新成果不断涌现，一大批科技成果在生产实践得到了广泛应用。我国的林业科技进步贡献率达到了58%，科技成果转化率达65%，科技创新成就了绿水青山。"绿水青山就是金山银山"正在中国大地上变为现实。

目前，生物技术、信息技术、工程技术、智能制造等新技术和新材料应用更加广泛，多学科交叉融合、新理论相互渗透、多区域乃至全球科技合作等不断深化，科技创新不断拓展林业草原属性和功能，驱动生产经营方式变革，引领林草事业向高质量和现代化发展。基因组编辑、全基因组选择、合成生物学等现代生物技术在林草种业中广泛应用，将颠覆种业形态，开创按照目标需求创制多元化林草新品种的新纪元。林草资源培育转向集约化和标准化，大径材长周期定向森林培育技术体系已经实现大规模产业化应用。森林经营更多关注多功能经营和全周期精准经营，以云计算、大数据等为代表的新一代信息技术，将对林草资源监测、灾害防控等领域产生革命性影响。生态学研究从单过程、单一要素向多过程耦合、多要素协同、地上－地下整合研究转变，生态系统保护修复更加注重多维度、多尺度、多系统治理及稳定性维护，更加注重生态系统综合治理。绿色制造、智能制造以及新材料创制已成为产业转型升级的主要发展方向，林草产业将更加注重利用先进技术提高生产效率和发展质量。林草科技发展必将创造新的辉煌。

生物多样性保护
（国家林业和草原局
宣传中心 提供）

国家公园
（国家林业和草原局
宣传中心 提供）

第二篇
成就绿水青山

　　绿水青山是大自然的底色，也是支撑人类经济社会发展的金山银山。如何在生态破坏的版图上科学地修复再现绿水青山？如何让绿水青山蕴藏的巨大生态、经济、景观、文化等价值转变为造福人类的产品，促进就业增收？如何更好地保护好绿水青山，使其与人类永远相伴、和谐共生？70多年来，我国林草科技工作者积极主动担负使命，怀着强烈的责任心，在生态保护修复、林草产业发展、自然灾害防控等领域加强攻关，取得了丰硕成果。这些成果护佑了林草生态系统，重新在神州大地上再现了绿水青山；这些成果夯实了我国林草产业发展的根基，并为其注入了强劲动力，助推了我国经济快速发展；这些成果，有许多对我国林草事业发展产生了重大影响，成为我国林草科技的重要标志；这些成果，铸就了宝贵的林草科学家精神，永远流动在科技工作者的血液中！

绿水青山就是
金山银山
（国家林业和草原局
宣传中心　提供）

一、ABT：引发树木人工繁育技术革命

（一）ABT 生根粉的问世

历史上我国是一个多林的国家，但是经过长期战乱、过度垦伐以及森林火灾等破坏后，森林资源日趋减少，生态环境不断恶化，水灾、干旱、沙尘暴、泥石流等自然灾害时有发生。党的十一届三中全会之后，党和国家的工作重点转移，林业建设也开始步入正常轨道。快速推进植树造林，提高森林覆盖率，种苗繁育成为必须解决的问题关键，造林成活率成为必须攻克的技术难点。

怎么办？中国林业科学院研究员王涛早在 20 世纪 70 年代就注意到，林业生产周期太长，不少树种育成一株壮苗，往往要花上几年工夫；有的树木种子极少，繁殖则更难。扦插繁殖是我国当时主要应用的无性繁殖育苗方法，相比播种育苗来说，具有生产周期短的优点。但是，树木的遗传性决定了，有些树种极易生根，插在土里就活，如柳树；有些虽能生根，但枝条内存在抑制生根的物质，导致生根时间很长；还有一些极难生根，很难在自然条件下通过扦插进行繁殖。这是发展林业生产一个十分紧迫的问题。王涛决心全力攻克植物扦插生根难题。

她首先想到了国外新型生根促进剂也只能补充外源生长素。那为什么不能研制一种既能补充植物生根所需的外源生长素，又能促进植物合成内源生长素的高效广谱性生根促进剂呢？她开始出入图书馆，学习植物生理理论基础。在那里，她早出晚归，趴在书海里整整一个月。之后，她又去了当时在激素研究方面代表着国内最高水平的中国科学院上海植物生理研究所（现

中国科学院上海生命科学研究院植物生理生态研究所）学习，随后申报了一个非单独立项的"高效广谱型生根剂的研制"小课题，开始进行相关研究。当时温室是借来的，没有助手，经费匮乏只有3000元，实验条件也极其简陋，就是在这样的科研条件下，王涛开始了夜以继日的科学试验。经过无数次反复比较，数百次研究分析，终于有一次，她惊喜地发现了能够促进植物内源激素合成的关键物质，并于1981年年底，研制成功了世界上从未有过的复合型生根促进剂——ABT。ABT是由新型促进剂中3种重要成分的第一个字母组成，它是我国第一个复合型植物生根促进剂。

那么ABT生根粉具有什么功能呢？它又是如何起到这些功效的呢？ABT生根粉有多种生理活性物质，不仅从外界提供控制植物生长发育所需的激素，更重要的是它还能在植物整个生长期内持续地调节植物内源激素的合成率，提高多种酶的活性，加速蛋白质、叶绿素等生物大分子的合成，调节多种相互关联的生理生化过程，从而诱导植物不定根或不定芽的形态建成，使生根速度大大加快，

王涛（1936—2011），山东青岛人。中国工程院院士，森林培育工程专家，中国林业科学研究院首席科学家、研究员、博士生导师。她长期从事复合型和无公害植物生长调节剂、工厂化育苗、社会林业工程和生物质能源等方面的研究工作，在森林培育、社会林业工程和木本生物质能源的研究、开发推广方面，取得了重大突破性进展，探索出了一条具有中国特色的农林科学技术研发与成果转化之路，取得了显著的生态、经济和社会效益，为中国林业的发展作出了重大贡献，是ABT生根粉的缔造者。（于海燕　提供）

王涛
（于海燕　提供）

根系发育健壮，根的活跃吸收面积增加，提高代谢作用强度。综合作用的宏观结果表现在生根速率、苗木成活率、作物生长量、苗木质量的提高与抗性的增强。

ABT 生根粉问世后，我国 50 多个科研单位对时下国内外最常用的 40 多种生长调节剂在近 30 种植物上进行对比试验，结果表明，ABT 生根粉效果最佳，ABT 生根粉得到了科学界的认可。

ABT 生根粉系列的推广获得国家科技进步奖特等奖（周彦超　提供）

提高发芽率。繁殖植物的方法最原始的就是播种。影响播种繁殖成功率的一大因素就是多数的林木种子普遍具有休眠特性，这给林木生产带来一定的困难。为提高种子出芽率，通常在播种前进行种子催芽处理。种子催芽的原理就是通过改变影响种子休眠的因素，使种子易于发芽，常采用的措施有水浸催芽、恒温催芽、低温催芽、层积催芽等。

母株　采集插条　插条　处理插条　扦插　生出愈伤组织　生根

植物扦插流程（田梦妮　提供）

ABT 植物扦插流程
（于海燕　提供）

ABT 生根粉在构树和红松扦插育苗中的应用（贾仕军、朱志贻 提供）

ABT 生根粉作为复合型的植物生长调节剂，对种子进行催芽处理后，能促进种子产生更多萌发必备物质，减少种子中抑制物质含量，更有利于打破种子休眠，促进种子萌发。通过对山西、天津、河南等省份 1148 个试验、示范推广点的侧柏、云杉、核桃等 60 余种树种进行调查，结果表明，用 ABT 处理林木种子，不仅适用范围广、用量小，而且能提高出苗量，增加苗木产量，提高投入产出比。

提高扦插成活率。扦插是一项传统的植物无性繁殖技术，它与压条、嫁接等繁殖方法一样广泛应用于农林生产，是无性繁殖的一种重要手段。扦插育苗是指从植物母体上切取根、茎、叶等营养器官的一部分，在适宜环境下，利用细胞全能性与再生性使其形成独立植株的繁殖方法。用 ABT 生根粉处理完插穗后能有效改善插穗生理生化效应，如提高插穗细胞中 DNA 含量和过氧化物酶活性，提高内源激素含量，提高光合强度和呼吸强度。最终表现为，提高多种植物插条生根率，增加插穗生根条数，提高苗木产量（扦插成活率）和质量。1 克 ABT 生根粉可处理 3000 ~ 6000 个插条。东北的红松、祁连山的圆柏、日本的落叶松，过去国内外一直没有扦插成活的先例，苗木繁殖单纯依

ABT 应用于温室苗木生产（于海燕 提供）

靠成活率很低的种子。经过 ABT 处理后，它们的扦插成活率都达 80% 以上。荔枝、龙眼、杧果等果树，曾经扦插根本不能成活，然而，通过 ABT 生根粉处理使它们扦插成活率高达 74.5%，创造了奇迹。千百年来，苹果、柑橘、李子、桃、梨等一直靠嫁接繁殖，费工费时，成本高，繁殖周期长。经过 ABT 处理，这些果树的平均扦插成活率超过 95% 以上。不少树种还可以用生长多年的大树枝条扦插，为植物扦插工厂化育苗开辟了一个新途径。ABT 的出现被国内外专家誉为"扦插育苗技术"发展的一次飞跃。

提高嫁接成活率。嫁接是植物无性繁殖方法的一种，是利用砧木与接穗的形成层细胞具有再生能力，把优良植物的一部分营养器官（接穗）移接到另一个植物体（砧木）上使之愈合成为一个新个体的繁育苗木方法。嫁接可以增强植株的抗病能力、提高植株耐低温能力、有利于克服连作危害、扩大根系吸收范围和能力、提高产量，在植物栽培、改良和基础研究中具有很重要的作用。

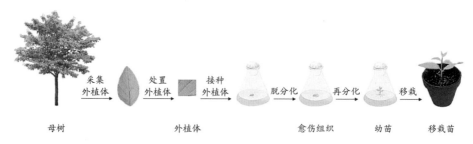

采集外植体　处置外植体　接种外植体　脱分化　再分化　移栽

母树　　　　　　　　外植体　　　　　　愈伤组织　　幼苗　　移栽苗

植物组织培养流程（田梦妮 提供）

嫁接成活与否首先取决于砧木和接穗形成层形成愈伤组织的愈合程度，而愈伤组织的形成受植物激素的调控，所以为了促进愈伤组织的形成和愈合，提高嫁接的成活率，可将植物生长调节剂应用于嫁接技术中去。ABT 生根粉在促进砧木和接穗愈伤组织的分化形成、连接与延伸，加快嫁接苗的愈合过程，提高嫁接的成活率方面具有优势。

促进植物组织培养。植物组织培养是指在无菌培养的条件下，将离体的植物材料包括器官、组织、细胞、原生质体等（外植体）在人工培养基上进行培养，使其发育成完整植株（幼苗）的过程。植物组织培养技术与传统植物繁殖方法相比，具有周期短、繁殖率高，且后代能保持母本优良性状，苗木整齐一致，还能获得脱毒苗等优点。ABT 生根粉作为一种复合型植物生长调节剂，也被广泛应用于植物组织培养相关领域。通过在百合、桉树、北美豆梨、甘蔗、香蕉、马铃薯、山草果等几十种植物组织培养中进行试验，发现 ABT 生根粉对促进组培苗的壮苗，缩短诱导生根时间，增加诱导根系数量和提高组培苗移栽成活率等方面均有明显效果。

（二）ABT 走向山间田野

科研成果研制成功，这只是科研工作走出的第一步。人工造林是我国

ABT 造林现场（贾仕军　提供）　　　　　ABT 生根保水剂应用于裸根苗移栽（周彦超　提供）

林业发展的基础。在造林绿化过程中，由于立地条件差和技术落后导致造林效果不佳的情况比较突出。从新中国成立至党的十一届三中全会前，我国平均每年造林 315 万公顷，累积造林超过 9000 万公顷，但成林面积却只有 2800 万公顷，保存率不到 1/3。我国地势西高东低，地形复杂多样，其中山地面积约占全国陆地面积的 69%，大大增加了造林工作难度。

为保证造林任务能够高质量完成，造林技术需要不断创新与提高，尤其是容器育苗技术、生根剂与保水剂等新技术在造林中推广应用，使苗木在各种复杂立地条件下有较高的成活率。

ABT 生根粉作为一个农林科技成果，它的作用对象是特性各异的植物，面对的是千变万化的自然气候条件、不同的耕作方式与种植习惯。机会总是给有准备之人。1982 年，北京市园林部门得知有 ABT，求助王涛，希望能用 ABT 挽救 10 多万株濒临死亡的扦插桧柏苗，她高兴地答应了。她发现，这些桧柏茎上还有一个一个小疙瘩（休眠根源基），可能还有救。于是耐心地将 ABT 应用到一株株桧柏苗上，并坚持数月，10 多万株桧柏苗终于起死回生焕发了生机。由此，ABT 走出实验室，走出中国林业科学研究院。ABT 生根粉先后在黑龙江、河南、山西、甘肃、青海、新疆等 27 个省份开展造林中的应用试验与推广，试验树种包括针叶树、阔叶树和经济树种等 60 余种。结果表明，用 ABT 生根粉处理苗木根系，可提高幼树叶绿素含量和光合速率，增强根系活力，增加酶的活性，使苗木受伤根系迅

新植苗木架风障（周彦超　提供）

速恢复长出新根且根系发达，苗木生长健壮，抗逆性增强，造林成活率提高
17.4%～31.1%。

干旱阳坡和盐碱地造林一直是造林上的难题，为了提高劣质立地条件造
林成活率，应用 ABT 生根粉处理对促进树木生长、增加抗御恶劣条件已取
得成效。因此，ABT 生根粉应用在造林上是一项提高育苗质量和造林成活率、
促进幼树生长、增强抗逆性的有效措施。尤其是在裸根苗造林上，ABT 生
根粉和生根保水剂的应用大大提高了裸根苗荒山造林成活率和苗木保存率。

改革开放以来，我国园林绿化建设日新月异，得到了迅猛发展，同时也
面临着干旱地、盐碱地等立地条件差和一些珍贵苗木在移栽时成活率不高的
难题。提高园林绿化中苗木栽植成活率并保证质量的关键一点在于对受损根
系的恢复，通过促进受伤根系的快速愈合和新根生长，增强根系对土壤中养
分的吸收，从而提高苗木对不良环境的抵抗能力，加快树势恢复。

ABT 生根粉在园林绿化苗木移栽、园林养护和古树复壮中取得了显著
的应用效果。例如，在北京奥林匹克森林公园及奥运场馆周边的园林绿化工
程中使用 ABT 生根粉，显著提高了苗木移栽成活率，快速恢复树势；2014
年北京玉渊潭公园古树遭遇冻害，通过 ABT 生根粉灌根处理，有效提高抗
寒能力；在北京香山公园、北京庆丰公园、钓鱼台国宾馆、天安门广场的古
树名木复壮中应用 ABT 生根粉，使用后树势明显恢复，焕发勃勃生机。

现如今 ABT 生根粉的应用已覆盖了全国 80% 的县（市）并推广到五大
洲 30 多个国家，应用植物 1582 种（品种），推广面积 1867 万公顷，立
地条件多样、复杂、差异很大，取得了巨大的经济效益、生态效益和社会效
益。ABT 生根粉也先后获得国家科技进步奖特等奖、林业部科技进步奖特
等奖等 8 项科技奖励，在国际上获 6 个国家和国际组织的 12 项奖励。

二、树种选育绘就美丽中国底色

森林是陆地生态系统的主体，是国家、民族最大的生存资本。如何提高森林生产力、产出更多更好的木材和产品一直是林业发展的核心命题。林以种为本，种以质为先。林木良种选育解决木材、生态、碳中和等现实问题的源头和根基。然而，林木千种万类，各有特色，也各有不足，伴随着科技的进步，能否研发出国家和社会需要的良种？林木多年生，周期长，如何快速高效地选育出符合我们要求的良种？围绕这一科研使命，我国林业科技人员起初通过学习借鉴，引他山之石攻玉，不畏艰辛地进行脚踏实地、勇攀高峰的不懈探索，开拓出符合我国国情林情的林木遗传育种自主创新道路。

1821 年，法国 de Vilmorin 首次营建了欧洲赤松种源试验。1845 年，德国植物学教授 Klotzchg 最早进行了欧洲赤松和欧洲黑松间的杂交。19 世纪末，爱尔兰 A.Henry 开始杨树杂交。特别是受孟德尔遗传学理论的启示，20 世纪 30 年代全球掀起杂交育种的高潮。据不完全统计，到 20 世纪末全球已有约 100 个国家和地区开展了林木育种工作。100 多年来，欧美林业发达国家持续推动以良种为核心的人工林栽培，解决了其巨大的森林工业用材需求，主要造林树种进入第 3 轮至第 4 轮遗传改良阶段，良种使用率达 90% 以上；人工林轮伐期缩短 1/3 ~ 1/2，材积生长提高 20% ~ 50%，蓄积量达 200 ~ 400 立方米 / 公顷，在为森林工业提供大量木材的同时，使天然林得到休养生息并实现采育平衡。受国外林木育种巨大成就的鼓舞，我国一些科技人员学习借鉴国外遗传育种理论技术，从 20 世纪中叶开始投身于林木遗传育种研究。尽管起步晚，但不甘落后、迎头赶上，取得了一定成绩。

新中国成立后，在国家大力支持和研究人员不懈努力下，我国林木遗传育种研究取得可喜进展。经过长时间的积累和不断创新，改革开放以后，许多主要用材和经济树种的遗传育种工作成就显著，收集和保存了大量的优良遗传资源，培育出大批国家生态建设和林业建设急需的良种，使我国主要林木良种使用率达 65%。特别是自 2000 年以来，全球增加的 5% 绿地面积中至少有 25% 的贡献来自中国，这其中应用林木良种人工营建森林功不可没。同时育种理论和技术研究也从无到有，由零散、低层次向系统性、高水平发展，形成门类齐全、内容丰富的研究领域，使林木遗传育种学科成为中国林学面向 21 世纪发展最为活跃的学科。

（一）林木良种选育踔厉前行

我国林木遗传育种主要分为两种类型：一类是以杨树、桉树为代表的阔叶树遗传改良；一类是以松树、杉木为代表的针叶树遗传改良。简言之，就是树叶形状是否为针状区分，实质上是它们的性别分化、生殖方式等差异大，要采取不同的策略进

徐纬英（1916—2009），江苏金坛人。著名林学家、林业教育家、林木遗传育种学家，中国林木遗传改良开拓者之一。在 20 世纪 50 年代创建了中国橡胶育种研究室，继而创建了中国第一个林木遗传育种研究室，带领全室科研人员长期致力于杨树种质资源、杂交育种、引种、定向遗传改良研究，培育的杨树新品种'北京杨''群众杨'，成为中国北方广大地区防护林、丰产林的主栽品种；成功地将油橄榄引入中国，为将科研成果转化为生产力作出了贡献；提高了森林生产力及防护效益。先后荣获全国科学大会奖和国家发明二、三等奖。编写出版了我国杨树遗传改良首部专著《杨树》和《杨树育种学》，为杨树研究奠定扎实科学基础，是杨树育种、油橄榄引种的奠基人。（丁昌俊 提供）

叶培忠（1899—1978），原名沈培忠，江苏江阴人。树木育种学家。当代中国树木育种学的先驱者之一，中国水土保持研究的开拓者之一。毕生致力于林业科研和教育工作，培养了几代林业科技人才。他在树木杂交育种方面贡献卓著，特别是杉木遗传改良的成就和黑杨派南方型无性系引种栽培的成功，对中国发展速生丰产林具有重大的理论和实践意义；在水土保持研究方面，引种培育了多种水土保持植物，并推广种植。（杨绍陇　提供）

叶培忠
（自然万象　提供）

行改良。林木生长周期长，遗传改良路漫漫，中国林木良种选育经历 70 余年的不断求索，成就辉煌。

我国阔叶树遗传改良始于 1946 年叶培忠在甘肃天水开始的河北杨与毛白杨等杂交试验。1956 年开始，中国林业科学研究院林业研究所徐纬英等开展了系统的杨树杂交实验，选育出生长迅速、抗逆性强的'北京杨''群众杨''合作杨''小黑杨'等著名杨树品种。此后，我国在杨树、泡桐、桉树、刺槐、榆树、马褂木等树种中开展了大量杂交试验研究，选育出一大批无性系品种，如'中林 46''毛大杨''箭胡毛杨''椴新杨''银新杨''沙毛杨'、渤丰杨 1～4 号、黄淮 1～6 号、中雄 1～7 号、'NL-895 杨''NL-95 杨'、秦白杨 1～3 号等杨树杂交品种；'豫杂 1 号''陕桐 3 号''桐杂 2 号'以及豫桐 1～3 号、中桐 1～9 号等泡桐杂交品种；'雷林 1 号桉'以及尾巨桉'DH_{32-26}''DH_{32-28}''DH_{32-29}'等桉树杂交品种。杂交育种遗传增益达到 30%～60%。桉树优良品种组织培养快繁技术、毛白杨多圃配套系列育苗技术、杂交鹅掌楸体胚规模化高效快繁技术等为代表的无性繁殖技术集成创新和应用，为我国无性系林业发展提供了范例。

我国针叶树遗传改良始于 1957 年俞新妥教授在福建开展的马尾松种源试验。此后主要造林树种的种源试验得到相继落实，并开展了杉木、日本落叶松、兴安落叶松、樟子松、红松、华北落叶松、油松、湿地松等主要造林树种初级种子园建设。1972 年，国家启动"选育和培育速生用材树种的优良品种科研协作计划"，林木良种基地建设经费开始纳入国家财政预算，推动了林木育种研究和种子园发展。1983 年，林木良种选育研究列为国家重点科技攻关项目之后，我国正式开始了系统和持续的林木良种选育研究工作，并重点围绕针叶树产量和品质等定向育种目标，系统开展了育种策略、种质资源收集、种内遗传变异、种源试验和种子区划、优树选择、种子园建设、采穗圃营建、无性繁殖等良种选育和繁育等关键技术研究。目前，大多数依靠种子繁殖的主要针叶造林树种完成了 1~2 代遗传改良，其中马尾松、油松等树种遗传改良进入了第 2 代世代，杉木已进入第 3 代世代。主要针叶造林树种依靠建成的种子园生产的良种造林，遗传增益达 10%~30%。

经过 70 多年的持续遗传改良，借鉴现代遗传学、生物技术、生物统计学以及作物、畜牧育种成果，按照引、选、杂交、诱变、现代生物技术等育种理论与技术，我国系统开展了近 60 个主要造林树种的种源、家系和无性系等不同水平的遗传分析、多参数综合选择，育成了一批速生性好、材质优良和抗逆性强的新品种。基于轮回选择不断推进以选择、交配、遗传测定为核心的育种循环，主要造林树种大多进入第 1~2 代遗传改良阶段，少数进入第 3 代甚至更高遗传改良阶段；一些阔叶树种在此基础上开展远缘杂交和多倍体育种，遗传增益进一步提高 30% 以上；并确立了 294 个国家重点林木良种基地，使主要林木良种使用率达 65%，有力地支撑了我国速生丰产林与贮备林建设、森林资源培育和生态文明建设。

积极利用现代生物学前沿技术，参与世界首例树木——毛果杨的全基因组测序，并率先完成鹅掌楸、白桦、银杏、杉木、簸箕柳等树种的全基因组测序，绘制了杨树、杉木、马尾松、鹅掌楸等树种的高密度遗传图谱，定位了重要性状的 QTLs，挖掘了一批重要功能基因；开展了杨树花药诱导单倍体的研究，并实施了超过 10 例林木原生质体培养与体细胞融合研究。先后有多人成为国家重点基础研究发展计划（"973"计划）、国家高技术研究发展计划（"863"计划）等重大科学研究计划首席科学家，建立了林业行业目前唯一的"林木遗传育种国家重点实验室"和"林木育种国家工程实验室"等国家级研究平台。

我国树种选育经过不断自主创新，划分出主要造林树种的国家育种区，创新林木育种技术体系，完善了林木生态育种理论，实现林木良种选育由"单一泛性"向"分育种区多样专适"的育种策略过渡，使我国林木育种理论和技术达到国际同类研究水平，部分树种研究甚至引领世界，成为世界四大林木育种研究中心之一。

（二）五大树种撑起"绿水青山"半边天

第九次全国森林资源清查结果显示，我国持续开展大规模国土绿化，人工林稳步发展，面积稳居世界第一。目前，我国人工林面积 7954.28 万公顷，蓄积量 33.88 亿立方米，每公顷蓄积量 59.30 立方米。其中，排在前 5 位的树种分别为杉木、杨树、桉树、落叶松和马尾松，面积合计占全国人工乔木林面积的 50.1%，蓄积量合计占全国人工乔木林蓄积量的 57.34%。五大树种的品种自主选育，从根本上驱动了人工林面积和蓄积量的不断增加，有力保障了国家木材安全和生态安全，撑起"绿水青山"半边天。

1. "杨老大"建立我国自主育种理论技术体系

杨树是世界上分布最广、栽培面积最大、木材产量最高的速生用材林树种之一。杨树在我国国土的四分之三区域均可种植，既是我国最重要的工业资源材树种，又是重要的固碳和生态绿化树种。我国现有杨树人工林面积超过 757 万公顷，居世界第一，超过其他国家杨树人工林面积的总和，提供的木材产量占全国年木材总量的 30% 左右。

作为北方人工林建设的当家树种，杨树是我国最早开展科学研究和利用的树种。1946 年，在著名育种学家叶培忠先生的带领下，河北杨与山杨、河北杨与毛白杨的杂交试验得以开展，正式开始了我国杨树育种工作在科学研究层面上的探索。20 世纪 50 年代中期，国家进行了有计划有目的的杨树育种项目，杨树研究经历了"本土研究利用—国外引进吸收—自主创新发展"三个主要阶段，系统攻克收集与评价、种质创新与新品种选育及良种高效繁育，在世界上率先建立了完善的杨树现代科学研究体系。经历几代人传承和发展，历经 70 多年攻关和创新，取得了一批具有里程碑意义的研究成果。

1953 年开始，徐纬英先生在全面调查中国杨树资源和杨树生态型（种源）基础上进行大量杂交特别是创新远缘杂交，经过 20 年的艰苦努力，终于培育出'北京杨''群众杨'。这是新中国成立后林业界第一次用人工杂交育种方法育成的新品种。1972 年，吴中伦先生等从国外成功引种美洲黑杨南方型无性系'1-69 杨''1-63 杨'，加之我国北方型美洲黑杨山海关杨的再发现，

王明庥（1932—），湖北枝江人。中国工程院院士，著名林学家、林业教育家、林木遗传育种学家。长期从事森林遗传学、林木遗传改良的教学和科学研究。集中对黑杨派树种遗传资源进行系统研究，在杨树引种理论、遗传改良和无性系测定以及杨树短周期工业用材树种改良等方面有所突破，为淮河流域及长江中下游平原建立大规模短周期工业原料林基地作出了贡献。（杨绍陇 提供）

以此两型美洲黑杨为主体亲本，到20世纪90年初我国已培育出一批新品种，彻底改变了我国杨树栽培的格局。王明庥院士针对中国黄淮、江淮及长江中下游流域的自然条件，利用引入的黑杨遗传资源开展杂交，选育新品种4个南方型杨树新品种，同时通过杨树功能基因组及分子育种的研究，对栽培的南方型杨树在速生性、木材品质、适应性和抗逆性等方面开展了深入研究，解决了大规模选育和推广适生优良品种。20世纪90年代以来，随着经济社会的发展和科学技术的进步，新的育种理论和方法不断出现，我国杨树良种选育发生了巨大转变。首次提出了杨树生态育种理念；选育出'渤丰杨''黄淮杨''江淮杨'等30多个系列新品种、十余个国家良种，推动了我国杨树主栽区良种普遍升级换代；挖掘出具有自主知识产权重大育种价值的抗旱、耐盐碱基因，突破了林木基因工程主要依赖其他生物基因供给瓶颈，创建杨树多基因共转化基因工程育种技术体系，开创利用转录因子基因调控多基因改良性状的育种新模式，率先开展抗逆基因组编辑育种，培育出世界首例转多基因杨树新品种——'多抗杨2号'和'多抗杨3号',创制出"抗逆1号杨"等一批生长及抗性显著改良的转基因杨树新品种,为我国干旱盐碱等困难立地区域工业用材林和生态建设提供优良种植材料,引领我国林木基因工程育种进入国际先进行列。朱之悌院士等利用毛白杨天然2n花粉与毛新杨回交成功选育出'三毛杨7号'等一批生长快、纤维长且木素含量低的三倍体新品种,证实通过一轮次多倍体育种过程可实现多目标性状综合改良,培育出生长快、纤维长、木素低、纤维含量高以及抗逆性增强的短周期纤维工业用材林建设优良品种。同时在杨树理化诱导花粉染色体加倍有效处理时期等处理条件、有效处理时期、提高2n花粉竞争力以及雌配子染色体加倍等方面取得突破性进展,显著提高了配子染色体加倍和三倍体诱导效率,获得了基于雌雄配子染色体加倍的'北林雄株1号''北林雄株2号''北林5号'杨等国家良种。

杨树育种科学研究先后获国家科学技术进步奖一等奖1项、二等奖4项、三等奖6项、省部级奖励及成果50项,为国家建设、经济社会发展和人民生活水平提高作出了重要贡

朱之悌（1929—2005），湖南长沙人。中国工程院院士，著名林业教育家、林木遗传育种学家。长期从事林木遗传育种教学与科研工作，是林木遗传育种学科开创者之一，国家教委任命的中国该学科首位博士生导师，首批国家政府特殊津贴享受者，林业部有突出贡献专家，三倍体毛白杨新品种育种人。在解决中国造纸原料品种、基因资源收集保存、毛白杨大规模良种繁育以及产业化等方面作出了贡献。（丁昌俊 提供）

献。最早培育的'北京杨''群众杨''小黑杨'等杨树品种在生产中广泛应用，家喻户晓，为起步建设的共和国大厦添砖加瓦；引进的'欧美杨107'与'欧美杨108'推广种植面积达2000万亩，每年新增木材产量近3000万立方米，新增产值126亿元，缓解了当时国家木材供需和区域林业产业的燃眉之急；为满足不同气候区和不同用材目的的需求，自主创新育成的'丹红杨''西丰杨''南林杨''渤丰杨''黄淮杨''三倍体'毛白杨'中雄杨'等40多个良种，并应用自主研发的高效培育技术，在东北、华北、江淮及长江流域平原地区累计推广面积超过1亿亩，年产木材超过1.5亿立方米，使我国现有杨树人工林产量提高20%以上，累计创产值近3000亿元。杨木已成为我国人

林粮（油菜）间作杨树良种示范林（安徽铜陵）（丁昌俊　提供）

造板工业纸浆工业的主要原料，特别是华北、华东及中南地区的人造板企业，以胶合板生产为例，全国有6000多家企业，广泛利用当地的杨树人工林木材资源生产单板和胶合板。以经济强省江苏为例，杨树蓄积量占全省林木总蓄积量8431.0万立

杨树优良品种纤维材示范林（辽宁锦州）（苏晓华 提供）

方米的81.2%；杨树林木覆盖率为12.77%，占全省林木覆盖率的59.1%；杨树等林板纸一体化产值超过1700亿元，占全省林业总产值70%以上，其中木材制品出口额达33亿美元。同时杨树林下经济面积近500万亩，产值超180亿元。杨树的发展有力支撑了速生丰产用材林基地、三北防护林等国家重点林业工程建设，有效缓解了我国木材供需矛盾，显著改善了地区生态环境，并提供大量的就业机会，促进了农村经济发展和社会稳定。

2. "三驾马车"驱动杉木育种持续攀登

杉木是我国最重要的乡土针叶用材树种，生长遍及我国整个亚热带、热带北缘、暖温带南缘等气候区，涵盖19个省份，引种栽培于美洲、欧洲、东南亚、非洲、大洋洲的10余个国家。第九次全国森林资源清查表明，杉木人工林面积达到990万公顷，蓄积量达7.55亿立方米，分占全国人工乔木林总面积、总蓄积量的17.33%和22.30%，均排名第一。

新中国成立伊始，杉木科学研究就备受学界重视。基于高世代育种策略，杉木遗传育种逐步走上了种源、种子园、无性系"三驾马车"并驾齐驱的改良

杉木三代子代测定及混交试验林（福建邵武杉木人工林培育国家长期科研基地）（段爱国　提供）

之路。一代代杉木育种人承前启后，不断推陈出新，为杉木人工林发展提供了坚实良种保障。俞新妥先生率先在福建开展了杉木种源试验。在国家"七五"攻关时期，由洪菊生先生牵头组织开展了国际上最系统、范围最广、布点最多的中国杉木种源试验，揭示了杉木种源地理变异模式，划分了杉木十大种源区，首次系统地为杉木各栽培区（包括亚区）、14 省份及主要立地类型选取了一批适生高产种源，优良种源平均材积实际增益为 30.64%，建立了 5 座遗传资源齐全的杉木种质基因库，奠定了杉木遗传改良基础。国家"九五""十五"科技攻关杉木育种项目，提出了杉木高世代种子园材料选择和营建技术，特别是双系种子园材料选择及建立技术，使得种子园子代材积增益达 45.2%～66.5%；提出了第一代和第二代杉木种子园稳产高产 11 项关键经营技术，种子产量提高 13%～143%；选出优良家系 143 个，材积增益 15%～72.1%；建筑材优良无性系 387 个，材积增益 15%～217.2%。在"十一五"至"十三五"

期间，进一步系统突破了杉木第三代种子园技术，基于生长、材性、分枝习性、开花、结实等多性状选择指数，选出第三代建园亲本 228 个；创新提出了种子园分步式高效营建技术，中心产区全面完成第三代遗传改良，在湖南、浙江、福建、贵州、江西、广东、广西营建第 3 代种子园 8000 余亩，遗传增益达 10% 以上，构建了三代亲本子代测定网络，推进了第四代育种进程，使得我国树木遗传改良水平与发达国家同步；突破了杉木多目标无性系育种与规模化繁育技术，在湖南、江西、广西、广东、浙江、福建、贵州等省份选育优良无性系 288 个，首次完成杉木无性系 28 年长期跨区域测试，审定了第一批杉木无性系国家级良种，材积遗传增益达 19.8%~153.05%，突破了杉木组培快繁技术和容器育苗技术瓶颈，实现了优良无性系规模化生产。

杉木研究在不同时期均凝聚了每一代杉木研究人员的辛勤付出，整体研究具有明显的系统性、创新性、传承性。杉木育种长期科技支撑在国家或省份取得了一些可喜成果，其中陈岳武先生等人完成的"杉木第一代种子园研究成果推广应用"于 1987 年获国家科学技术进步奖一等奖，洪菊生先生主持的"杉木地理变异及种源区划分"获 1989 年度国家科学技术进步奖一等奖。此外，"杉木遗传改良及定向培育技术研究"获 2006 年度国家科学技术进步二等奖，"杉木良种选育与高效培育技术研究"获得 2018 年度梁希林业科学技术奖一等奖。杉木科技支

杉木优良材料组织培养（段爱国　提供）

撑对杉木产业发展起到了极大推动作用，在湖南、江西、广西、浙江、福建、广东、贵州等省份全面推广，15 个基层应用单位累计推广造林面积 288 万亩，新增产值 60.1 亿元。近 10 年累计推广造林 3000 多万亩，取得了显著的社会、经济和生态效益。

3. 攻克落叶松长周期育种技术瓶颈，实现材质定向选育

我国现有落叶松人工林 316.29 万公顷，蓄积量 2.37 亿立方米，占人工林总面积的 5.54%，总蓄积量的 7.01%，是我国人工林中排名第四的主要速生用材树种。由于其具有早期生长快、价值高、抗逆强等优良特性，深受群众喜爱，在我国 16 个省份均有分布或商品性栽培，已成为我国针叶树中栽种区域最广的树种。落叶松用途十分广泛，可用于房屋、家具、胶合板、地板等建

辽宁大孤家林场日本落叶松子代测定林（1988 年营建）（孙晓梅　提供）

筑、装饰用材，同时也是我国四大针叶纸浆材树种之一。

落叶松遗传育种研究始于1978年，马常耕先生首次通过生态区的种源研究，揭示了落叶松种内地理变异模式，在我国有试验依据地确定了各种落叶松的最佳种植区和最适宜种源，提出了

辽宁大孤家林场杂种落叶松采穗圃（生产优良无性系）
（孙晓梅 提供）

我国第一个落叶松种子调拨区划，特别是肯定了日本落叶松在我国温带、暖温带和北亚热带山区落叶松利用中的主体地位，使其栽培区由原来的辽东山区扩大到包括四川、湖北、湖南在内的11个省份，成为南方亚高山区林农脱贫致富的主要树种。依托世界银行贷款国家造林项目和国家"八五"科技攻关课题，王笑山先生以日本落叶松种子园超级苗和家系苗在辽宁宽甸县组建了我国首个落叶松采穗圃，系统研究了日本落叶松半木质化、木质化插穗生根、激素处理和2年生造林用苗培育、采穗圃建立、母株整形修剪、采穗圃水肥管理等技术，形成了"日本落叶松扦插育苗配套技术"，改写了我国只靠落叶松实生播种育苗造林的历史。张守攻院士团队整合全国落叶松研究优势单位，组成核心专家组，开展了系统深入研究，国家"九五"和"十五"科技攻关落叶松育种项目，确立了"有性创制变异，无性繁殖利用"的育种策略，提出了世界上独创的单干柱式采穗圃修剪方式，形成了以人工控制授粉有性配制杂种为基础、采穗圃经营为主体、无性扦插繁殖为手段的落叶松杂种规模利用配套技术体系，加速落叶松良种化进程。

"十一五"期间，提出了家系和单株的育种值估算方法及基于生长、干形、纸浆材材性的多性状选择技术，建立了日本落叶松优良家系和二代优树综合评价体系，选出优良家系 97 个二代优树 375 株，材积遗传增益达 25.7%～144.3%，2 个纸浆材家系通过国家良种审定、18 个生长优良家系通过国家良种认定，为不同生态区选出优良杂交型、杂交组合、适生家系和无性系，为促进日本落叶松良种化和产业化提供了强有力的科技支撑，实现了定向材质育种。在国家"863"计划和"973"计划支持下，落叶松分子育种也取得了长足的进步，发明落叶松干细胞高成胚率新工艺，突破子叶胚同步化规模发生技术，建立了干细胞模式的落叶松产业化繁殖与分子育种技术平台。利用胚性干细胞转基因体系实现了 DreB1-2A、CMO、BadH、P5CS、SOS1-3 等五类抗干旱基因转化，获转基因品种释放许可证 16 个，转基因株系表现出优良抗性和速生性。构筑了落叶松速生和优良性状的分子诊断与预测体系，建立了落叶松超高产、高抗逆、生长超速等所需目标高效稳定的技术平台。

"十二五"期间，提出了落叶松高世代育种技术，分别在寒温带、温带、暖温带和北亚热带 4 个育种区构建了二代核心育种群体，全面实现了落叶松种子园的更新换代，二代种子园遗传增益可提高 57%；选育出覆盖全国主产区的落叶松 31 个，平均材积提高 15% 以上。研制了落叶松温室容器育苗专用配方控释肥，攻克了水肥管理及光周期调控技术，实现了落叶松良种苗木规模化、集约化、设施化繁育，育苗周期由 2 年缩短至 1 年，显著提高了苗木质量和整体育苗效率，干旱条件下造林成活率超裸根苗对照 80% 以上，推广造林达到 6800 亩。

落叶松作为长周期采伐利用的树种（标准规定轮伐期 40 年），其研究成果凝聚了几代人的辛勤付出，是在每一代人研究的基础上逐步前行，具有明显的传承性、系统性和创新性。落叶松科技支撑对落叶松产业发展起到了极大推动作用，已在寒温带、温带、暖温带和中北亚热带 4 个生态育种区建成落叶松国家级林木良种基地 6 处，试验示范基地 33 处。近 10 年来，我国落叶松人工林年均新造林面积达 1.37 万公顷，年采伐量 204.84 万立方米，年产值达 14.85 亿元，现有林分单位面积蓄积量提高了 27.99%，取得了显著的社会、经济和生态效益，支撑了国家储备林工程和退耕还林工程的建设，保障了我国木材安全与生态安全。

4. 马尾松高世代改良突破材用、脂用、抗松材线虫病品种选育

马尾松是我国松属中分布最广、具有多种林种功能和多用途效益的乡土造林松树，是重要的速生丰产用材、高产脂和生态防护树种。我国现有的马尾松林地面积为 1001 万公顷，蓄积量约 5.91 亿立方米，马尾松林在南方集体林区面积排第 2 名，在木材战略储备林基地中占 25%。马尾松木材纤维长，其

马尾松二代无性系种子园良种轻基质容器苗培育（浙江庆元）（周志春　提供）

生产的纸浆质量优,是我国重点发展的制浆造纸材;我国松脂年产60万~80万吨,约70%产自马尾松。马尾松支撑着我国众多的木材工业、造纸工业、林产化学工业、医疗保健品业、森林文化业等多个行业健康发展。

20世纪50年代,我国开始马尾松良种选育和培育技术研究,历经60多年四代人持续研究,基于马尾松资源特点,从种源、家系、无性系选择的主线入手,积极利用优树选择和种子园建设,明晰了马尾松有性创新、无性高效利用的合理化育种策略;并已完成马尾松一代和二代遗传改良,目前已进入第三代遗传改良阶段。按林业对良种需求,从以通用材育种("六五"至"八五")到纤维材和脂用定向育种("九五"至今)目标,再到高抗育种目标,逐步

马尾松杂交育种
(周志春 提供)

浙江省兰溪市苗圃马尾松二代无性系种子园精细化培育
(周志春 提供)

深入和坚持，完全实现了我国马尾松人工造林的高世代良种用种。研究成果获国家科学技术进步奖二等奖 4 项，三等奖 1 项，省部级科技进步奖 20 多项。1957 年，俞新妥教授率先开展马尾松种源试验，之后以陈建仁和秦国峰等为代表的老一辈育种家们按全分布区的布局，先后开展了 5 次全国马尾松种源试验，将马尾松划分为 4 个种源和 4 个种源亚区，确定了武夷山脉和南岭山脉为优良种源区，进行了种子区划，为不同造林区分别优选确定了一批优良种源，材积增益 40% 以上。后续研究将马尾松划分为南部、东部、西部和北部四大育种区，分育种区构建了二代育种群体，通过优树选择，在一代 11000 个育种亲本的基础上，据遗传测定结果选育二代育种亲本 2000 个以上，三代育种亲本 150 个以上，完成了第二代并进入第三代遗传改良阶段，较改良前材积增益提高 25% 以上。并创新提出了动态更替式矮化种子园技术，攻克了马尾松种子园良种丰产技术，种子产量提高了 20% 以上，解决了采种难、种子产量和遗传增益低的关键技术瓶颈，营建二代无性系种子园 300 多公顷，引领了我国林木种子园技术。按育种区划分的总体部署遴选出 29 个国家良种基地，充分满足了各区域对马尾松造林的良种需求，保障了我国良种用种。按照纸浆材定向选育目标，选育出了一批高纸浆得率的良种，使马尾松木材的纸浆得率提高 10% 以上；构建了脂用马尾松育种技术体系，收集保存高产脂优树无性系 1000 多个，优选出一批产脂量高、速生优质的马尾松脂用家系和无性，产脂力提高 30%～150%，脂用马尾松造林有了专用良种。针对松材线虫病的重大危害，优选高生产力、高抗马尾松无性系 30 个以上，并初步揭示了高抗的生理和分子机制，发现产脂量、α－蒎烯、β－蒎烯和柠檬烯含量与松材线虫病密切相关，萜类合成基因在马尾松抵御松材线虫病过程中具有显著的正调控作用，这为抗性种子园营建和抗性良种生产奠定了坚实基础。

同时开创了马尾松基因组相关研究，构建了全球第一张较高密度的遗传图谱，并实现重要 QTLs 的定位；基于转录组、代谢组、蛋白组，挖掘出了一批与纤维素、木质素、松脂等合成通路相关的基因，以及抗生物与非生物逆境相关的基因等；并率先构建了包括扦插、嫁接、细胞工程等马尾松无性系良种扩繁的技术，使马尾松良种的无性系化应用迈进现实。

5. 解决桉树"散、慢、单"育种技术问题，支撑起桉树产业发展大格局

桉树原产于澳大利亚及其周边岛屿，具有适应性强、生长快、用途广等特点，被联合国粮食及农业组织（FAO）推荐大力发展，在世界五大洲 100 多个国家广泛种植，木材广泛用于制浆和造纸、人造板、木炭、建筑用材等。桉树引入我国有 130 年历史，从庭院零星种植发展成我国南方主要用材树种，种植面积约 550 万公顷，排名人工林面积第三。

20 世纪 50 年代，在广东湛江新成立的粤西林场，由于荒山造林需要，

优良桉树无性系示范林（陈少雄 提供）

当地零星种植的窿缘桉引起了科研人员的注意，并很快选定为主要造林树种。经过优良个体筛选、母树林建立等育种程序，树种的优良特性得到稳定和加强，窿缘桉在 10 年左右时间种植规模达约 50 万亩。在此后约 20 年间，粤西林场等林业单位，从国内已引进的桉树零星遗传资源中又陆续筛选出'柠檬桉''雷林 1 号桉'等树种和品种，把桉树单产提高至 0.5～0.7 立方米 /（亩·年），产业化发展能力得到加强。这个时期，是我国桉树树种改良、规模化种植、产业化发展的发端时期，同时也是资源和技术分散发展的时期，因为"散"，桉树发展受到严重制约。

着力解决桉树资源"散"的技术问题。1980 年起，在林业部的支持下，我国开始进行桉树遗传资源系统引进和测试工作。1981—1989 年，中澳政府间合作广西东门造林项目在澳方育种专家指导下，制定了长期育种策略，系统从澳大利亚、巴西等国家引进桉树优良种质资源，建立了树木园、采种母树林、实生种子园和无性种子园。项目共选择优树近千株，进行了 1294 个组合的人工授粉，建立了杂交子代测定试验。项目产出的良种使得桉树的采伐期由原来的 15 年缩短至 6～8 年，年生长量由每公顷 5～7 立方米 / 年提高至每公顷 15～30 立方米 / 年。建立的一批优良树种的基因库，如尾叶桉、巨桉、细叶桉等至今仍发挥重要作用。1985—2000 年，先后还有多个澳援项目在中国开展，包括澳大利亚阔叶树种引种与栽培试验、中国桉树中心的建立、耐寒桉树引进、提高桉树人工林价值等。这些项目的开展为培养我国桉树育种人才、引进新的桉树种质资源、选育新品系、提高桉树抗逆性和产量、促进桉树产业发展等方面，都发挥了重要作用。在 21 世纪之后，我国桉树育种进入自主创新为主的阶段。面对国内木材市场快速增长的需求，我国桉树育种在组织形式、技术路线、利用方向上都有了新的发展。2006 年，由国家林业

优良桉树无性系示范林（陈少雄 提供）

局桉树研究开发中心牵头，联合 6 家科研单位和 10 家林浆纸公司一起创立了"中国桉树育种联盟"，开始了桉树育种的协同创新。2012 年，实施"南方国家桉树种质资源库"建设项目，收集保存在我国具有重要经济价值的桉树24 种（亚种），建成基因保存林 105 公顷，保存基因资源 3000 份。桉树资源得到了分区、分类、集中保存和利用，基本解决了桉树资源分散的技术问题。

攻克桉树新品种创制"慢"的技术难题。中国桉树集中了核心桉树育种资源，包括'尾叶桉''巨桉''细叶桉''赤桉''粗皮桉'等 5 个树种166 个种源 2424 个家系，保存植株 10000 余株。开发了母树矮化、促进开花早结实，使用超低温花粉贮藏和快速花粉解冻技术及 AIP 一步授粉方法建立了桉树良种矮化育种技术体系，加速了优良新品种的创制速度，缩短育种周期 57.1%～70.0%，揭示了重要性状杂种优势的遗传机制，提出了亲本组配原则，成倍提高了桉树新品种的创制速度，创制了 LH 系列、DH 系列以及 EC 系列等优良无性系，年蓄积量在每公顷 30～48 立方米，增产 75% 以上。同时，建立了桉树组培快繁和环保育苗技术体系，组培芽苗增殖系数提高 8% 以上，苗木根系增加 30%～60%，实现 100% 良种无性系化造林。

突破桉树育种方向"单"的技术难题。20 世纪 90 年代初期，随着桉树木片出口贸易量的不断加大，桉树人工林开始跨越式的发展，我国桉树的利用方向集中在木片生产和纸浆造纸方向，育种和利用方向单一。通过一系列技术创新，突破了多利用方向的品种技术：一是高世代的杂交改良技术，创制具有速生、抗风、抗病和材质更优秀的工业用材品种；二是桉树珍贵实木用材树种改良技术，通过研究筛选了一批具有用作实木用材潜力的优良树种，这些树种的木材价值可达传统用材的 3 倍左右，且市场需求大，种植面积在快速扩大中；三是特殊经济林桉树育种技术，桉叶油树种的改良，进一步提高史密斯桉、柠檬桉在用作桉叶油原料林中的价值，提高含油量、生物量等；选育桉树观赏树种，筛选出皱果桉、方格皮桉、托里桉等具有很高观赏价值的树种，在我国南方广泛用于园林造景、美化绿化。

中国桉树人工林面积达 546.74 万公顷，仅占我国商品林面积的 5.78%，占人工林面积的 6.87%，但年木材产量却超过了 4000 万立方米，超过全国商品材产量的 40%，成为全国商品材的最大来源，支撑起我国 1160 万吨级的桉树制浆造纸行业和年产 8000 万立方米桉树胶合板工业的发展。桉树在解决我国木材需求、保护天然林方面发挥了重要作用；同时在林农脱贫致富、增加就业、促进乡村建设、改善民生方面也作出了极大贡献。

三、中国治沙：绿色奇迹的创造者

经过 70 多年几代人的艰苦奋斗，中国贡献了全球增绿的四分之一，土地净恢复面积位列世界第一，闯出了一条具有中国特色的防沙治沙新路。从包兰铁路穿越腾格里沙漠 60 年畅通运行，到建成世界最大的机械人工林场——塞罕坝，再到库布其沙漠综合整治的全球范式……无不见证中国治沙"由黄变绿"的历史性转变，为世界荒漠化治理贡献了"中国方案"和"中国力量"。

中国是世界上受沙漠化威胁最为严重的国家之一，每年因荒漠化问题造成的生态和经济损失超过 650 亿元，近 4 亿人直接或间接受到荒漠化问题的困扰。据统计，20 世纪 60 年代特大沙尘暴在我国发生过 8 次，70 年代

沙漠边缘的绿色屏障（新疆维吾尔自治区林业和草原局宣传信息中心　据供）

八步沙六老汉
（武威市委宣传部
提供）

甘肃武威古浪县八步沙林场，六老汉三代治沙人合影（视觉中国　提供）

　　八步沙林场地处河西走廊东端，腾格里沙漠南缘。昔日这里风沙肆虐，侵蚀周围村庄和农田，严重影响群众生产生活。1981 年，当时已年过半百的土门镇农民郭朝明、石满、贺发林、张润元、罗元奎、程海六位老人在治沙合同书上摁下红手印，以联户承包方式组建八步沙林场。近 40 年来，"六老汉"三代人矢志不渝、不畏艰难、拼搏奉献、科学治沙，完成治沙造林 21.7 万亩，管护封沙育林草面积 37.6 万亩，生动书写了从"沙逼人退"到"人进沙退"的绿色篇章。

　　2019 年 8 月 21 日，习近平总书记前往八步沙林场考察调研，对"六老汉"英雄事迹给予充分肯定，强调"要弘扬'六老汉'困难面前不低头、敢把沙漠变绿洲的奋斗精神，激励人们投身生态文明建设，持续用力，久久为功，为建设美丽中国而奋斗"。

　　八步沙林场"六老汉"三代人治沙造林先进群体被中宣部授予"时代楷模"称号。古浪县八步沙林场被授予第三批"绿水青山就是金山银山"实践创新基地。

甘肃省白银市退
耕还林工程现场
（甘肃省林业和
草原局　提供）

发生过 13 次，80 年代发生过 14 次，90 年代至今已发生过 20 多次，并且
波及的范围愈来愈广，严重制约我国生态安全和可持续社会经济发展。中国
政府历来高度重视荒漠化防治工作，先后启动了三北防护林体系建设、京津
风沙源治理、天然林资源保护、退耕还林还草等 16 项生态修复工程。同时
将荒漠化防治列入科学技术发展规划，开展沙漠戈壁基础信息调查、荒漠化
发生机制、退化植被恢复与重建机理等基础性和应用性研究，强化荒漠化治
理急需的关键技术研究，建立我国荒漠化监测预警与观测研究网络，形成集
"观测—科研—示范"三位一体，覆盖全国 30 多个省份 500 多个县级行政
区的荒漠化监测体系。通过一系列举措强力推进，成功遏制了荒漠化在我国
的扩展态势，全国荒漠化土地面积由 20 世纪末年均扩展 1.04 万平方公里
转变为目前的年均缩减 2424 平方公里；沙化土地面积由 20 世纪末年均扩
展 3436 平方公里转变为目前的年均缩减 1980 平方公里。实现了由"沙进
人退"到"绿进沙退"，创造了中国治沙的绿色奇迹。

（一）包兰铁路：穿沙而过

20世纪50年代初，为加强华北与西北地区的联系，国务院责成铁道、林业、科研等部门通力合作，修建包兰铁路。包兰铁路是我国第一条沙漠铁路，全长990公里，自兰州至银川段要6次穿越腾格里沙漠，其中以沙坡头段坡度最大，风沙最猛烈。在沙漠中铺设铁轨并不难，难的是路轨常常受到流沙侵袭，导致列车无法正常行驶，特别是自然条件恶

包兰铁路（视觉中国 提供）

劣，沙坡头段铁路线路又位于倾斜的格状流动沙丘下方，通车后如何确保铁路两侧的流沙固定，防止铁路受到风蚀和沙埋，是修通包兰铁路后亟待解决的问题。为了解决这一难题，我国科研人员经过反复探索试验，终于找到了利用麦草和稻草固沙的方法来破解风沙侵蚀的技术攻关，成功地解决了流沙治理的科学难题，开创了我国交通干线沙害治理的先河。

草方格沙障是用作物秸秆、杂草或灌木枝条呈方格状嵌入沙上，在网格内造林种草的技术，起到固定流沙、恢复植被、改善生态环境的效果。1米

草方格沙障（乌日娜　提供）

草方格四周的麦草可以抵挡流沙对方格内的入侵，方格内的植物可以顺利生长。生长于麦草方格上的花棒、柠条、沙拐枣等固沙树种，也都是科研人员通过"破译"其生物"密码"，科学选育出的用于沙丘造林的苗木。

但仅靠"麦草方格 + 栽植固沙植物"对抗流沙还远远不够，由于麦草方格紧靠铁路，蒸汽机的炉渣和轮毂摩擦铁轨的火星对植物构成极大威胁。为此，经过反复试验，科技工作者们又在麦草方格上压卵石、炉渣等材料，铺设出一条卵石防火带，并在防火带外建设灌溉造林带。

如何保护灌溉造林带？如何消除风沙流对草障植物林带的危害？如何解决沙障易埋的问题？科技工作者们一路科研攻关，采取工程防沙和植物固沙相结合、灌溉和雨养相结合、乔木和灌木相结合、植物和直播相结合、科研和生产相结合、造林和管护相结合的综合治沙措施，建成了"五带一体"的铁路防沙体系，保证了包兰铁路通车 60 载的畅通无阻，在腾格里沙漠的边缘形成的防沙固沙绿化带，也使包兰铁路中卫段成为一道美丽独特的风景线，让人类第一次以胜利者的姿态站在了流沙面前。沙坡头"五带一体"的铁路固沙技术体系不仅获得了国家科学技术进步奖特等奖，也被国际社会称其为"沙坡头方式"并赞誉为"堪称世界首次治沙工程"，荣膺1994年联合国环境规划署颁发的"全球环境保护500佳"单位的桂冠，在世界各地推广。

如今的沙坡头，靠沙吃沙，依托腾格里沙漠，依靠防沙治沙成果，大力发展旅游业和果林经济，是国家5A级旅游景区，也是第一个国家级沙漠生态自然保护区，成为践行习近平总书记"绿水青山就是金山银山"的成功典范，也是我国西部地区生态文明建设的先行区和西北地区重要的生态安全屏障。

（二）塞罕坝：生态文明建设的生动范例

塞罕坝地处冀北山地与蒙古高原交汇区，是坝下、坝上过渡带和森林—草原、森林—沙漠交错带，北临内蒙古高原南缘浑善达克沙地，南临首都北京。其生态环境十分脆弱，土地沙漠化极其严重，不仅严重制约着当地的环境以及群众的脱贫致富，还关系到首都北京的生态安全。搞好塞罕坝地区防沙治沙工作，遏制沙漠化和水土流失，营造防风固沙、水源涵养林，对改善京津冀地区生态环境，有着极其重要的现实意义和历史意义。

新中国成立后，党和国家政府高度重视国土绿化工作，为京津阻沙和涵养水源，建设首都北部的生态屏障，林业部（现国家林业和草原

塞罕坝红松洼落叶松（王龙　提供）

局）决定建立塞罕坝林场。几代塞
罕坝人攻坚克难，不懈努力，使塞
罕坝成为了世界上最大的人工林
机械林场，森林覆盖率由 11.4%
提高到 82%，

采用来自波兰的拖拉机和苏联的植树机栽植树苗，首
开机械栽树先河，大大提升造林效率（王龙　提供）

说时容易做时难，从造林工
具的改革到机械造林的成功，从一
粒种子到壮苗上山，从一棵幼苗到
万顷林海，无不凝聚了科技人员的辛勤汗水和勤劳智慧。坝上地区高寒，年
平均气温极低，加之降雨量稀少，沙地造林种什么、树苗如何成活、怎样造
林是要解决的关键技术难题。

为了攻克属地育苗难题，塞罕坝人积极探索全光育苗技术，通过严格控
制播种覆土厚度、土壤湿度，改低床为高床，全光育苗，填补了我国当时高
寒地区育苗技术的空白；为了解决沙地、石质阳坡造林绿化树种问题，积极

塞罕坝林场人工栽种（王龙　提供）

引进樟子松种子，用雪藏种子育苗法，农家肥做底肥，成功培育出了樟子松壮苗，从此樟子松在坝上落地生根；为了调整树种结构，防止病虫害，探索增加物种多样性，引进红松等优良品种，合理规划，设立森林保护区等保持其生态系统的稳定性；为了改进机械造林成活率的技术，将植树机装配了自动给水装置，解决了苗木在植树机上失水问题；将镇压滚增加了配重铁，解决了栽植苗木覆土挤压不实问题；将植苗夹增加了毛毡，解决了植苗夹伤苗问题……不仅如此，为了解决人工林进入主伐期、迹地更新造林的难题，又摸索出了"十行双株造林""干插缝造林"等造林新办法。一项项造林技术的突破和应用，使塞罕坝林场从 1962 年至 1984 年间，共造林 100 万亩，总计 4.8 亿余株，按株距 1 米计算，可绕地球 12 圈；保存 67.93 万亩，保存率 70.7%，创全国造林保存率之最。在高寒、高海拔、半干旱、沙化严重等极端环境下，林场的单位面积森林蓄积量却是全国人工林平均水平的 2.76 倍、全国天然林和人工林平均水平的 1.58 倍，林场乔木的单位面积蓄积量是世界平均水平的 1.23 倍。林地肥力不断增强，部分地区林内植

塞罕坝林场石质陡坡造林（王龙　提供）

塞罕坝
（孙阁 提供）

塞罕坝石质山坡
造林成果
（王龙 提供）

塞罕坝 112 万亩
人工林是华北地
区面积最大的人
工林
（孙阁 提供）

被达 30 多种，形成了乔、灌、草、地衣、苔藓相结合的立体资源结构。

如今，塞罕坝林场有林地面积由 24 万亩增加到 115 万亩，林木蓄积量由 33 万立方米增加到 1036 万立方米，森林覆盖率由 11.4% 提高到82%，有效阻滞了浑善达克沙地南侵，为滦河、辽河涵养水源、净化水质提供了保障。2017 年，世界上最大人工林塞罕坝机械林场，荣获联合国最高奖项"地球卫士奖"。

多年来，塞罕坝林场不仅成为高海拔地区工程造林、森林经营、防沙治沙方面的典范，也为助力区域发展，助推苗木生产、生态旅游、交通运输、养殖业等绿色产业等方面作出了卓越的贡献。现在，其资产总价值达到 206

亿元，每年经济收入 1.6 亿元，职工年均收入 10 万元，带动周边 4 万多百姓受益，帮助 2.2 万贫困人口实现脱贫致富，在 2021 年的全国脱贫攻坚总结表彰大会上，河北省塞罕坝机械林场获"全国脱贫攻坚楷模"荣誉称号。

塞罕坝人把 59 年前的荒原沙地，变成如今"人逼沙退、绿荫蓝天"的绿色林海，探索出了一条绿色发展之路，用鲜活的事例印证了"绿水青山就是金山银山"的生态文明思想，为中国特色社会主义生态文明建设道路作出了可贵探索。

（三）库布其：全球治沙典范

库布其沙漠地处鄂尔多斯高原北部与河套平原的交接地带，黄河"几"字弯南岸，是中国第七大沙漠，总面积 1.86 万平方公里。30 年前的库布其，生产生活条件十分恶劣，10 万农牧民们散居在沙漠里，过着与沙为伴的游牧生活，苦不堪言。当地的居民回忆到，"小时候住土房子，窗户是用纸糊的，一刮大风，甚至米饭都要裹着沙子吃。"

为了解决沙进人退、生态治理的难题，30 年来，在中国各级政府、当地群众和沙区企业的艰辛努力下，1.86 平方公里的库布其沙漠，已经有 6000 多平方公里披上了绿装，森林覆盖率、植被覆盖率分别由 2002 年的 0.8%、16.2% 增加到 2016 年的 15.7%、53%，生物种类大幅增加。经监测，流动沙地面积持续减少，半固定、固定沙地面积明显增加。库布其沙漠治理取得了历史性成效，主要得益于科学技术的发明和应用。微创气流指数法技术的发明，使得在沙漠种树不再是难题。应用此项技术，每种一棵树只需 10 秒钟，而且成活率高达 90%。不仅如此，经过科技工作者的艰苦攻关，还发明创造了风向数据植树法、无人机弹射飞播法甘草平移治沙技术、种质

资源技术等 343 项治沙科技
创新成果，这些成果的应用
使得从点片治沙到系统化治
理，从传统植树到微创植树，
从人工种植到无人机种植，
极大地提高了库布其沙漠治
理效率和质量，使库布其成
为世界上唯一被整体治理的
沙漠。

当地农牧民在亿利库布其生态光伏扶贫项目种植甘草
（亿利集团　提供）

　　30 年来，库布其沙漠综合治理也从初期的治沙，走向了生态、产业和
扶贫的发展道路。库布其治沙第一时期是固定流动沙丘，以防止沙漠推进，
主要在沙漠腹地建立防护林，打造防护林体系。同时修筑沙漠公路，采用植
物材料网格固沙的方法，在公路两侧种植防护林，以保证沙漠公路的正常运
行。经过多年努力，在 65 公里的道路两边，形成了 4 公里宽的绿色保护带，
道路得到了保护。第二时期治沙确定为黄河沿岸沙漠的"锁边林"建设，以
保护黄河堤岸为目的，避免汛期的泛滥。主要是通过规模化沙漠植被的恢复，
重建生态系统，改善生态环境，利用飞机飞播等各种治沙技术，在 2001—
2003 年间，每年的造林规模大概在 6000 亩。通过飞机搭载林草种子的飞播，
把种子均匀地撒播在沙地上，通过自然风力使种子覆土，依靠自然降水，促
使种子发芽、生根、成苗，恢复沙地植被。该技术适用于生态脆弱的干旱半
干旱风沙区，为交通不便、植被盖度低的新月形沙丘区的植被恢复提供了便
利。2003 年以后，随着国家在土地和林业方面政策性的支持，再加上治沙
技术的不断进步，产业化治沙的趋势开始初露端倪，企业与当地农牧民建立

起长期合作关系，政府、企业、农民开始围绕治沙产业探索新型的扶贫模式。这一时期提出了"因地制宜、适地适树"的治沙原则，确立了"锁住四周、渗透腹部、以路划区、分块治理、科技支撑、产业拉动"的治沙方略，建立了"乔、灌、草（甘草）"相结合的立体生态治理模式。实施"甘草治沙改土扶贫"项目，帮助当地农民改善现状实现创收，同时，发展生态修复产业，形成了包括生态修复、生态健康、生态旅游、生态农牧业、清洁能源和绿色金融等为支柱的多元绿色产业体系。自 2012 年起，在生态文明战略的指引下，库布其治沙通过科技创新、产业创新和机制创新，运用大数据平台和无人机植树等先进技术和手段，走上了一条科学绿色的沙漠治理之路。

经过 30 年的不懈努力，在库布其茫茫大漠已经生长出 6000 多平方公里绿洲。曾经濒临破产的小盐厂，也一跃成为了如今的亿利资源集团有限公司——一家资产规模过亿、国内外生态经济产业的领先企业。这个被巴黎气候大会标举为中国样本的库布其模式，是政府政策性支持、企业产业化投资、农牧民市场化参与、技术持续化创新"四轮驱动"下互相补充、互相促进、

亿利集团在库布其沙漠建立中国西部珍稀濒危植物种质资源库，培育、驯化、扩繁了1000多种植物，并发明100多项生态种植技术（亿利集团　提供）

协同配合的经验模式。库布其模式作为一个成功案例已得到国际社会的广泛认可，对推动全球荒漠化治理作出了巨大的贡献。2007 年，中国政府批准库布其国际沙漠论坛，成为全球唯一致力于推动世界荒漠化防治和绿色经济发展的大型国际论坛；2014 年，库布其沙漠生态治理区被联合国确立为全球沙漠"生态经济示范区"；2017 年，内蒙古鄂尔多斯成功举办《联合国防治荒漠化公约》第十三次缔约方大会，65 个国家部长及代表 240 余人参观考察库布其沙漠，对库布其治沙成功案例表示了高度赞许；2019 年，习近平主席向第七届库布其国际沙漠论坛致贺信，强调库布其沙漠治理为国际社会治理环境生态、落实 2030 年议程提供了中国经验。

库布其沙漠，从风沙肆虐的死亡之海到生机勃勃的生命绿洲，我们见证了它从无到有、从黄沙变绿洲的全过程。未来，相信在科技创新的引领下，通过科学治沙、精准治沙，定能让沙海变绿洲，让科技的力量不断书写荒漠化防治的新篇章。

库布其沙漠中的绿色中国梦（亿利集团　提供）

亿利集团
（亿利集团　提供）

四、擦亮湿地之眸

湿地是自然界最富生物多样性的生态系统之一，被誉为"地球之肾"，亦有"生命的摇篮""物种的基因库"等称谓。湿地是人类文明的发源地，人类在历史上总是逐水而居，早在几千年前，我们的祖先创造了辉煌的"长江文明""黄河文明"。湿地自古以来就是人类最重要的生活环境。我国湿地资源丰富多样，根据 2014 年国家林业局第二次全国湿地资源调查，全国湿地总面积 5360.26 万公顷，湿地率 5.58%。其中，调查范围内湿地面积 5342.06 万公顷，收集的香港、澳门和台湾湿地面积 18.20 万公顷。自然湿地面积 4667.47 万公顷，占 87.37%；人工湿地面积 674.59 万公顷，占 12.63%。自然湿地中，近海与海岸湿地面积 579.59 万公顷，占 12.42%；河流湿地面积 1055.21 万公顷，占 22.61%；湖泊湿地面积 859.38 万公顷，占 18.41%；沼泽湿地面积 2173.29 万公顷，占 46.56%。调查结果也同时反映出，我国湿地资源保护与发展依然面临着以下突出问题：湿地生物多样性有所减退。由于污染、围垦等原因，湿地生态系统功能下降，生物多样性减退。仅从湿地鸟类资源变化情况看，两次调查记录到的鸟类种类呈现减少趋势，超过一半的鸟类种群数量明显减少。

湿地恢复是指通过生态技术或生态工程对退化或消失的湿地进行修复或重建，再现干扰前的结构和功能，以及相关的物理、化学和生物学特征，使其发挥应有的作用。湿地恢复是一项复杂的、系统的工程，涉及生物学、生态学、水文学、地理学、经济学以及规划学等不同领域的多种学科。早在"十一五"期间，中国林业科学研究院承担的北京市科委科技计划"北

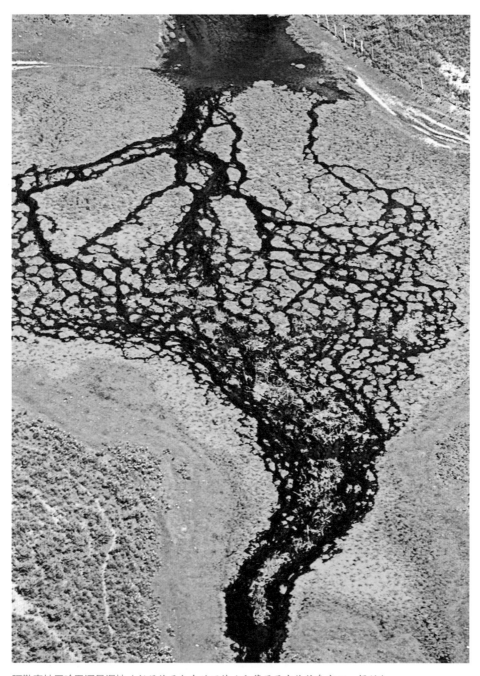

阿勒泰地区哈巴河县湿地（新疆维吾尔自治区林业和草原局宣传信息中心　提供）

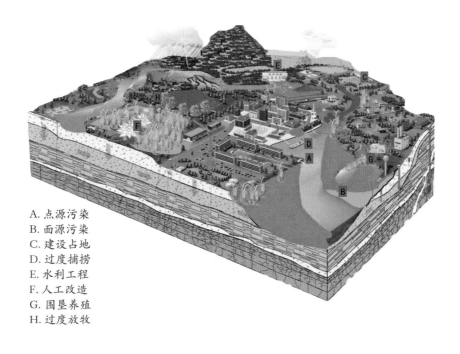

A. 点源污染
B. 面源污染
C. 建设占地
D. 过度捕捞
E. 水利工程
F. 人工改造
G. 围垦养殖
H. 过度放牧

湿地面临的问题（赵欣胜　提供）

京湿地生态系统保护与恢复关键技术研究"重大项目开展了湿地恢复方面的研究，特别是针对采砂迹地型退化湿地，通过集成水文连通、微地形改造、基质恢复、植被恢复、岸带护坡等技术，形成了新的湿地生境恢复技术体系，突破了传统方法技术束缚，在过程恢复、功能恢复和景观恢复等方面取得了较为明显的效果。筛选出了湿地植物56种，提出了28种湿地植物优化配置模式，集成创新了"迹地型退化湿地保护技术""污染湿地级联耦合技术"等多项技术和湿地恢复模式，这些技术体系已经在我国多个地区进行了试验示范和技术推广，取得了很好的生态、社会和经济效益。如：

在北京市延庆西卓家营应用该技术后，其湿地由水系连通不畅、水体易干涸转变成水量充足、水面稳定、水文连通良好的水系系统，基本形成了适合湿地植被生长和湿地鸟类喜欢的不同湿地环境，增强了岸带抗水流冲击及抗塌陷能力，保证了坡岸稳固以及植被的快速恢复。恢复区湿地中的土壤有机质、土壤动物、湿地植被以及湿地鸟类等指标明显变好。特别是恢复后湿地植被种类和盖度明显增加，植被覆盖度由原来的 12.6% 增加至现在的 69%；植物物种丰富度与恢复前的监测数据相比，由原来的 74 种增加至现在的 204 种（其中，水生植物 38 种，湿生植物 90 种），技术应用效果较明显。相信通过这些技术的进一步推广和应用，在"绿水青山就是金山银山"理论指导下，定能实现"蓝天碧水、绿草鲜花，鹭鸟鸣啭、锦鳞游泳"的美好愿景！

（一）重塑湿地的外表形态

湿地地形改造技术主要应用于退化湿地地形地貌的改造，营造湿地生物生存的适宜环境。通过工程措施平整局部地势、削低过陡地形、规整水面的形状，改善和营造湿地植被和水鸟的生存环境，增加湿地生境的异质性和稳定性，恢复湿地生态系统的结构和功能。主要技术包括对起伏不平的开阔地段进行土地平整、削平过高的地势、建设浅滩型湿地、营造湿地植被适宜生长和水鸟喜欢的开阔环境；在区域下游地带修建小型滞水、留水设施；对较陡的坡岸进行平整、削平处理，削低高地，平整岸坝，建设浅滩型湿地，并采取各种护坡技术进行加固，增强岸带抗水流冲击及抗塌陷能力，保证坡岸稳固以及植被的快速恢复。一般面积 1 公顷以上的开阔水面，应建浅滩。面积 8 公顷以上的开阔水面，应营建生境岛和浅滩。

围一块水塘≠建立一块湿地

现在的湿地恢复工程中往往存在着设置水塘、拦截来水，避免水资源流走或者直接在荒地上凭空建设一块水塘的做法。如何使得建立的一块湿地成为真正意义上的湿地呢？科学的做法是在恢复湿地时，为了"自己"的土地上能够有湿地存在，而切断了下游的水源。不仅把活水变成了死水，而且对于下游也是极不负责任和破坏生态的做法。眼前的一个小小水塘可能会使下游广大土地上因没有水源的补给而带来生态灾难。而有的地方，在没有水源的地方强行围一块水塘，也是不会实现真正的湿地恢复的。为了确保所恢复湿地在功能与结构上的持久性，必须考虑该处湿地是否有永久性的水源。有什么样的水文条件，就会有什么样的生物。如果水系得不到调整和恢复，那么湿地恢复也只能事倍功半。因此湿地恢复必须谨慎设计水系结构。那么怎么做才是科学合理的？首先，确保湿地有持续的水源；其次，充分考虑下游的用水需求；最后，须对水体进行实时监测，控制湿地内源、外源污染。

围一块水塘≠建立一块湿地（赵欣胜 提供）

（二）做好湿地"血液"疏通

　　湿地水文过程影响着湿地生态系统的土壤、生物、养分等物质与能量循环过程，湿地生态系统中生物对外界轻微的水文过程变化能在短期内作出响应，这些水文过程变化包括水位波动、降水径流、蒸散发以及洪水泛滥等。由于人类活动的影响，湿地水文过程的连续性受到严重干扰，因湿地水文过程流通不畅导致的湿地退化现象屡见不鲜，因此，湿地水文过程恢复就成了湿地恢复工程中的关键技术环节之一。湿地水文过程恢复主要是湿地水力连通和湿地水面面积改善等恢复，通常是通过筑坝（抬高水位）、修建引水渠、改造地形以及补水等措施来实现；具体是通过筑坝抬高水位来维护沼泽湿地一定的水面面积和水深，改善湿地水鸟栖息地；增加河道水体深度和广度，促进湿地鱼类的产量；修建引水渠等水利工程措施进行生态补水。这些技术和措施可以归结为四个方面，即湿地水力连通技术、湿地水位控制技术、湿地生态补水措施以及减少湿地排水过程。其中，水文连通技术是被广泛应用的技术。

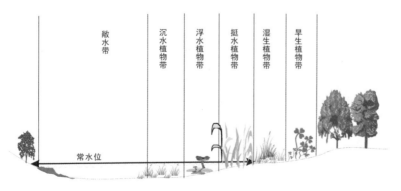

湿地植物恢复水位要求（赵欣胜　提供）

"血液"疏通要懂得科学的疏通

湿地水文连通是在保持现状水位不变的情况下，通过改造地形改造湿地水深，主要应用于水文过程受阻的湿地。一般通过工程措施对水面形状、规模、空间布局进行调整，稳定水域面积，优化湿地恢复区域内的水资源分配格局，重新建立起水体之间良好的水平和垂直联系，调节湿地生境水分条件，保证湿地生态系统营养物质的正常输入输出。水文连通可通过地形削平或抬高来实现。地形削平是通过消除湿地恢复区局部地势较高的区域，降低局部地形海拔高度，间接增加水深，以满足一些湿地植物对水深的要求，特别是对挺水植物、浮水植物和沉水植物等。地形抬高是通过堆积基质，抬高局部地形海拔高度，间接降低水深，满足一些湿地植被对浅水深的要求，特别是对湿生植物。湿地"血液"疏通重点应关注洄游生物，一些人工水利设施应该拆除，如一些影响洄游鱼类的拦河坝，增强洄游鱼类繁育能力。

拦河坝拦住了鱼儿回去之路（赵欣胜　提供）

（三）为湿地进行排毒

人们普遍使用的受损水环境恢复方式主要包括物理方法、化学方法和生物生态恢复方法。目前，湿地水环境恢复模式倾向于以生物生态恢复技术为主，以物理恢复和化学恢复为辅的水环境恢复技术。

物理恢复方法主要针对污染水体沉积环境中的底泥，采取引水稀释或清除等方法，清除底泥中过多的营养盐或减少底泥营养盐的释放，使水体在短时间内达到相应的水质标准。

湿地恢复中的化学恢复方式是让湿地水体中的污染物与水体中化学成分或人为投放的化学物质之间发生化学作用，使污染物浓度降低或毒性丧失的现象。化学净化作用包括污染物的分解与化合、氧化与还原、酸碱反应等。化学恢复的优点是见效快、去除效果好；缺点是持久性短，易导致二次污染，且治理费用较高，因此，在操作时既要考虑实施成本，也需考虑由于投加药剂所造成的长期生态影响，一般只用于应急措施或者恢复区与外围水系隔离的水体污染治理。林业公益性行业专项重大项目"太湖流域湿地生态系统功能作用机理及调控与恢复技术研究"针对城市中大量生活和生产污水易造成湿地污染的情况，探索研发了污染湿地人工湿地处理技术，通过采用不同基质、不同水深及不同湿地植物的多种搭配分段构建的表流湿地、潜流湿地以及人工浮岛综合运用的污染湿地处理系统，通过对这些功能单元进行分段分级组合，形成耦合作用，能有效地去除污染物，改善生态环境。具有较高处理效率、低运行费用、低维护技术、低能耗、适用范围广的特色。

湿地恢复需要时间

湿地恢复旨在改善湿地主要的生态功能，通过恢复生态结构及其功能，实现水文调节、净化水质、创造和提供文化休闲娱乐价值的目标。湿地恢复过程是生态系统动态变化的过程，它需要生态系统承受一定的环境压力和变化进行自我恢复，是一步一步的缓慢变化过程，而决非一个短期内能一蹴而就的形象工程。现在的湿地恢复工程中，常有人不顾湿地恢复的科学进程，一味地提出"两年、三年完成湿地恢复"的口号。

美国国会于 1948 年通过《佛罗里达中南部计划》，提出采取洪水控制、城市供水、防止海水倒灌、保护鱼类等野生动植物的措施。该计划从 1974 年正式开始，用了整整 40 年的时间为这片沼泽之上的苍鹭、鳄鱼恢复出一片 140 万英亩＊的栖居之地。我国在湿地恢复上也开展了诸多研究和技术示范，国家林业公益性行业科研专项"太湖流域湿地生态系统功能作用机理及调控与恢复技术研究"项目，重点关注了太湖流域典型区湿地植物－土壤－水体系统分析模型、太湖流域典型湿地功能区划技术指标体系和技术方法、太湖流域典型湿地的功能恢复与调控技术、太湖流域不同环境下的植被带调控模式等内容；通过太湖流域湿地生态系统功能作用机理及调控与恢复技术研究与示范，逐步恢复了太湖流域典型区退化湿地生态系统结构和功能，扭转了太湖流域典型区湿地生态质量逐步下降以及生态功能日益退化的趋势，其研究为改善太湖流域生态环境、维护太湖流域生态安全提供了理论和技术支撑。

＊1 英亩 =0.404 公顷。

恢复前　　　　　恢复第一年　　　　十年以后

不同恢复年限下的湿地恢复效果（赵欣胜　提供）

　　生物生态修复模式一般用于湿地生物链的薄弱化类型。受损水环境的恢复途径除物理和化学方法之外，须从保护和恢复生物多样性入手，引入水生植物或动物，尤其是一些关键物种，利用生态系统的食物链关系，对水生生物群落及其生境进行一系列调节，以增强其中的某些相互作用。其中，典型技术有人工湿地污染处理技术、生态拦截技术、湿地植物净化技术、水生动物净化技术以及人工浮岛技术等，其中人工湿地污染处理技术得到了广泛应用。

　　人工处理湿地净化污水技术是 20 世纪 70 年代末发展起来的一种污水处理新技术。具有处理效果好、氮磷去除能力强、运转维护管理方便、工程基建和运转费用低以及对负荷变化适应能力强等特点。人工湿地对废水的处理综合了物理、化学和生物 3 种作用。人工处理湿地系统成熟后，基质表面和植物根系将由于大量微生物的生长而形成生物膜。废水流经生物膜时，大量的悬浮物被基质和植物根系阻挡截留，有机污染物则通过生物膜的吸收、同化及异化作用而被除去。人工处理湿地系统中因植物根系对氧的传递释放，使其周围的环境中依次出现好氧、缺氧、厌氧状态，保证了废水中的氮磷不仅能通过植物和微生物作为营养吸收，还可以通过硝化、反硝化作用将其除去，最后人工处理湿地系统更换基质或收割栽种植物时将污染物最终除去。

　　人工湿地类型的选择需要根据进水情况、处理深度、场址面积、地形地

3 种类型人工湿地优缺点对比

类型	净化效果	污染负荷	占地	寿命	成本	低温运行效果
垂直流人工湿地	氨氮处理能力高、除磷效果差异大；对有机物的去除能力欠佳	高	小	稳定性高、抗冲击负荷能力高、易堵塞	高	管道易冻裂，影响运行
水平潜流人工湿地	适合用于二级污水处理；对 COD、BOD5、NH_4-N 和 SS 的去除能力很高；脱氮、磷效果欠佳	一般	一般	运行稳定性不高、抗冲击负荷能力差、控制复杂、易堵塞	一般	较好
表面流人工湿地	适合处理经过简单沉淀或一级处理的受污水体；对总氮的去除效果较好，对悬浮物、有机物的去除效果较好	小	大	运行稳定性不高、抗冲击负荷能力差、不易堵塞	低	冰冻影响运行

貌等多种因素综合判断。一般可分为表面流人工湿地、水平潜流人工湿地、垂直流人工湿地 3 种类型。

（四）改良湿地存在的基础

湿地基质恢复是进行湿地生态恢复的关键。湿地基质恢复技术包括基质改良技术和基质重构技术等。在准备恢复的湿地上建立基质层是最好的基质改良办法，但是往往由于缺乏合适的基质，所以只能采用改良基质的方法来弥补其不足。基质改良技术就是对基质团粒结构、pH 值等理化性质的改良及基质养分、有机质等营养状况的改善，具体包括物理改良技术、化学改良技术和生物改良技术。湿地基质重构技术包括基质再造技术和基质清除技术等。

通过湿地基质改良，可以提供湿地植物生长的适宜土壤条件，克服或者避免限制性因子对湿地植被恢复的影响。主要作用表现在提供植物生长需要的土壤层；调整土壤物理结构，以满足植物生长需要；提高土壤有机质含量和土壤肥力，促进植物生长；调整土壤 pH 值，以利于植物生长；隔离重金属污染，避免对植物生长造成危害。

他方之土未必管用

湿地土壤被破坏、被污染，特别是已经被污染的湿地土壤，一般都通过客土的方式对其进行恢复。然而客土可能会带来新的问题，如破坏取土区地表，造成新的生态问题。特别是泥炭土的大量开采导致新的问题。那么如何对受损湿地基质进行恢复呢？我们需要提前做好问题诊断，确定湿地基质到底出现了什么问题：是表土层较少还是出现污染问题？如果是壤土层被损坏，可以通过铺装人造生态肥料逐渐恢复土壤的机械组成。如果是土壤受到重金属污染，需要通过生态固化剂等措施将有毒有害的重金属转换成钝化的化学成分，使其无法释放有毒物质，进而减少对生物的毒害作用。

他方之土未必管用（赵欣胜　提供）

（五）重建湿地生命的摇篮

　　湿地生物链恢复是湿地岸带恢复、湿地地形改造与基质恢复以及湿地水文过程与水环境恢复的关键环节，彼此紧密联系，生物链恢复的前提是湿地地形改造完善、基质恢复良好、湿地水文过程和水力联系畅通、水体自净能力增强，同时也是湿地岸带恢复的基础，反之生物链得到恢复又能促进水体自净能力和湿地水文过程的畅通，并保护湿地地形和基质以及岸带的稳定性。其中，湿地生物链恢复关键是湿地植被恢复和湿地水鸟栖息地恢复。中国林业科学研究院承担"太湖流域湿地生态系统功能作用机理及调控与恢复技术研究"重大项目，研发基于完整生物链修复的综合湿地恢复技术，充分利用生物之间的物质循环和能量流动关系，构建多种湿地生物链，如滤食生物链、牧食生物链以及相克生物链。通过微地形改造、水动力提升和基质恢复等措施，使湿地生物自陆地向开阔水域形成连续带状布局，并着重通过恢复原有湿地土著生物，引进安全的湿地生物，来增强生物链上的薄弱环节，重建和修复受损的湿地生物链结构，形成的湿地生物链具有高度的稳定性。该成果在太湖三山岛试验示范基地实施后，其水体透明度由原来的 0.5 米达到 1.5 米，湿地植物由原来的 10 种增加到 67 种，湿地动物由原来的 20 种增加到

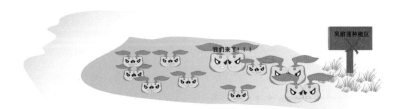

外来物种入侵历历在目（赵欣胜　提供）

50 种，湿地自净能力得到有效提升，水质由原来的劣 Ⅴ 类变为 Ⅲ 类，解决了目前湿地保护与恢复工程中遇到的关键技术问题，在技术集成上具有明显创新，应用效果显著，总体上达到国际领先水平。

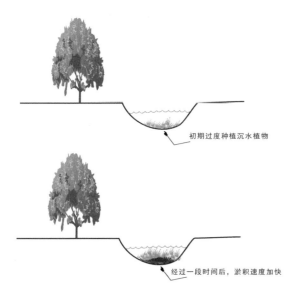

初期过度种植沉水植物

经过一段时间后，淤积速度加快

过度种植、错误种植湿地植被（赵欣胜 提供）

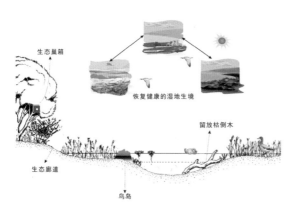

生态巢箱

恢复健康的湿地生境

留放枯倒木

生态廊道

鸟岛

湿地水鸟健康生境营造（赵欣胜 提供）

湿地保护
（国家林业和草原局
宣传中心 提供）

五、还草原以美丽

我国草地面积广阔，北从松嫩平原和呼伦贝尔高原起，呈带状向西南延伸，经内蒙古高原、黄土高原达青藏高原的南缘，绵延 4500 公里。拥有各类天然草地约 400 百万平方公里，占国土面积的 41.7%，总面积仅次于澳大利亚，位居世界第二。作为我国面积最大的陆地生态系统，草地在保障我国生态安全、食物安全、草原文明传承和地区发展中具有不可替代的战略地位。

（一）从过度利用到生态修复

我国退化草地恢复重建研究工作起步于 20 世纪 50 年代。任继周院士及其学术集体 1959 年提出了划破草皮改良草原的理论和方法，研制出我国第一代草原划破机——燕尾犁，后发展为草原划破补播机。在高山草原建立了万亩改良样板，草原生产能力提高 3.8 倍。1978 年提出高山草原季节畜牧业理论，

1957 年，任继周（右四）在天祝马营沟高山草原站为学生现场授课（胥刚　提供）

任继周（1924—），山东平原人。中国工程院院士，我国草业科学的奠基人之一，食物安全和生态安全的战略科学家。其主要贡献在于：提出了食物安全战略构想，摆脱草地农业与耕地农业的历史纠缠，提出草地农业系统，力促耕地农业转型和草地农业发展。他构筑草业科学架构，强化草业经济管理，经历了"牧草学—草原学—草地农业生态学—草业科学"的研究发展，构建了新型的草业学科体系。（胥刚 提供）

改进了草原畜牧业生产方式。1985 年以来，提出了草地农业生态系统的四个生产层和三个界面；提出草原农业生态系统、系统耦合和系统相悖理论，经过山地—绿洲—荒漠区、西南岩溶地区和黄土高原的长期定位研究和技术推广，在退化草原治理、提高土地生产力等方面取得明显效益，获国家科学技术进步奖三等奖。1979 年，中国科学院植物研究所依托内蒙古锡林郭勒盟和青海省海北藏族自治州设立的草原生态定位研究站，最早开展了草地恢复的试验研究工作。

2008 年，南志标院士主持的"中国北方草原退化与恢复机制及其健康评价"项目获国家科学技术进步奖二等奖，提出了我国北方主要草原类型在不同退化阶段的适宜休牧年限与健康草原的适宜载畜量、合理利用与改良草原的技术体系。退化草原恢复与重建技术、草原改良与健康管理技术、草原监测与健康评价技术等在我国主要牧区推广应用。在此基础上，兰州大学研发提出了青藏高原地区高寒草甸主要鼠害生态防控、高寒草甸草原定向培育、高原鼠兔高原鼢鼠生境适合度及生物防控技术检索系统、座圈驱鼠、育草等技术，取得了"干旱荒漠盐碱地改良与植草技术"等多项专利成果，进行了校企联合的专利成果转化，应用于甘肃等地生态修复与环境治理等工程。研发成功能改善荒漠区植物生长的钠复合肥，并大面积推广应用，在甘肃、内蒙古等地共建立荒漠植物育苗示范基地2000亩，荒漠区植被恢复示范基地超过14万亩。

近20年，我国已逐渐发展和形成了100多项草地生态恢复技术。"十三五"期间，国家启动了"北方草甸退化草地治理技术与示范""三江源区退化高寒生态系统恢复技术及示范""西藏退化高寒生态系统恢复与重建技术及示范""青藏高原退化草地恢复的主要物源制约因子及其应用技术研发"等一系列重点研发计划项目，针对我国不同草地生态系统所面临的具体问题，开启了草地生态系统恢复技术的攻坚作战。

2000年以后，我国草地生态恢复技术研究进入高速发展阶段，已形成多种多样的退化草地恢复治理技术，其中使用最为广泛的有围栏封育、退耕还草、免耕补播、养分添加、放牧管理和人工建植等。生态恢复的目标主要集中在草地生产力、土壤碳库和植被盖度的恢复等，近年来目标转向土壤结构、草地动物、土壤种子库、草地的多功能和草地生态系统稳定性。总体而言，植被盖度和生产力的恢复是较易实现的，但对草地植被多样性和功能的恢复仍存在较大难度。

我国研究和实施的草地生态恢复技术具有明显的地域性特征。西北区、蒙宁区和青藏高原区主要以围栏封育为主，栽培草地建植、退耕退牧还草和免耕补播也应用较多；西南区、东南区和中原区主要以退耕还草为主，栽培草地建植、围栏封育和免耕补播也占比较大，比较特殊的是东南区的草皮移植应用接近25%；东北区以栽培草地为主，占比达35%，其次是围栏封育和退耕还草。全国范围内牧区和农牧交错带以围栏封育为主，农区则以退耕还草为主。

（二）让草原再现往日景象

1. 盐渍化草地修复

全球目前约有 9.5 亿公顷盐碱土，主要分布在干旱半干旱地区 100 多个国家。我国盐碱地面积约为 0.99 亿公顷，草地占了较大比重。当草地土壤表层或亚表层的水溶性盐类累计量超过 0.1%~0.2%，或土壤碱化层的碱化度超过 5%，称为盐渍化草地。国内盐渍化草地治理方法归纳为水利工程、物理、化学和生物措施，但随着盐碱地生态治理的深入研究，生物措施被认为是最根本的改良途径，主要包括耐盐碱植物的筛选、培育和高效利用；围栏封育；"一松三补"（土壤深松、补水、补播、补栽）；优质牧草人工草地建设等改良措施。

羊草直播修复东北松嫩平原苏打盐碱地。修复前（左）和修复后（右）状况（马红媛　提供）

松嫩平原位于大陆性季风气候区半干旱地带，是我国著名的生态脆弱带、气候和环境变化的敏感带、农牧交错带，以温带草甸草原景观为典型特征。羊草是该地区优势物种，具有耐寒、耐旱、耐盐碱、应用价值高等优良特性。然而，自 20 世纪 60 年代后，在人类过度放牧等不合理利用和全球气候变化的双重影响下，羊草草地发生了不同程度盐碱化，且呈现增加趋势。随着盐碱化程度加重，草地群落出现了次生演替群落。在轻度盐碱化草甸仍然以羊草群落为主，而在土壤 pH 值高的碱斑上，只有雨季生长碱蓬、碱地肤等一年生盐碱植物，碱斑边缘经常环形生长星星草、朝鲜碱茅、野大麦、

江苏省盐城市大丰区滨海盐碱滩涂地改良示范
（范树高 提供）

碱蒿、西伯利亚蓼等多年生耐盐碱植物。中国科学院东北地理与农业生态研究所长期从事松嫩平原盐碱地生态研究，在松嫩平原碱化草甸草原开展了大量盐碱土生态、盐碱地治理等工作，在理论基础和技术集成等方面对盐碱化草地植被恢复进行研究，其中"重度苏打盐碱地顶级植被快速恢复核心关键技术的创新与应用""苏打盐碱地羊草移栽技术体系及应用"和"北方盐碱化草地典型植物种子繁殖策略及适应机制"分别获得国家科学技术进步奖二等奖、吉林省科学技术进步奖二等奖和吉林省自然科学二等奖。在国家重点研发计划项目资助下，于 2017 年以起垄补播的方式进行盐碱化草地修复。垄高 20 厘米，垄距为 40 厘米，播种量为 2 千克 / 亩，播种面积为 1 公顷。经过冬季春化作用，羊草种子次年出苗率达到 70%。2018 年秋季，垄作条播出苗整齐度高，平均株高 40.7 厘米，羊草植株数为 151 株 / 平方米，平均每株羊草叶片数为 6.7 片，羊草鲜重为 36.1 克 / 平方米。羊草成为优势物种，其植被覆盖度达 60% 以上。

滨海盐碱地是我国重要的后备土地资源，对于保障国家粮食安全、加快沿海地区经济发展具有重要的战略意义。我国大部分滨海地区全年气温适中，草种质资源丰富，草地面积大，特别是黄河三角洲地区分布大量平坦滨海盐碱地，为农田种草、人工种草提供了巨大的空间。耐盐碱草能够在较短时间内有效覆盖裸露表土，减少地面水分蒸发，降低表层土的含盐量，增加土壤有机质含量，有效加快盐碱地改良和开发利用。因此，开发利用耐盐碱草坪草、生态草、牧草等，实现滨海盐碱地原土种植，是滨海盐渍区草地修复的有效途径。鲁东大学依托国家林业和草原局草品种区域试验站和山东省滨海耐盐草业工程技术中心等平台，收集主要草坪草野生种质资源 13 个种 2825 份，开展了黑麦草、高羊茅、狗牙根、结缕草及紫花苜蓿等种质资源的耐盐性和生态适应性评价，深入挖掘耐盐相关基因和基于全基因组的关联分析，选育新品种（系）十余个，'鲁滨 1 号'沟叶结缕草通过国家林业和草原局审定。选育的草坪草狗牙根和牧草狗牙根在含盐量 1.0%~1.5% 的土壤中正常生长，牧草狗牙根草产量达 11~22 吨 / 公顷，干草粗蛋白含量 15.4%~20.4%，干物质消化率达 64%。开发了滨海浅潜水地区暗管排盐、规模绿化技术，吹填海泥快速改良技术和盐滩绿化植物生长调控技术等一系列配套栽培措施，并在山东烟台、东营，江苏南通、盐城和天津大港地区成功推广应用。在山东东营建立了以耐盐狗牙根为主的滨海草生态修复示范区 50 亩，在江苏盐城建立滨海滩涂修复试验区 20 亩。耐盐植被的建植有效地降低了地表含盐量，提高土壤有机质 16.5%~25.7%。

2. 沙化地修复

草地沙化是人类当前面临的重大环境问题与社会问题，也是我国北方干旱半干旱区草地资源利用与经济可持续发展的主要制约因素。近年来，退耕还林还草、京津风沙源治理等一系列防沙治沙工程的实施，极大地促进了草原

内蒙古苏尼特右旗利用野牛草治理沙化草地（钱永强　提供）

沙化草地修复（民勤治沙站　提供）

内蒙古锡林郭勒盟乌拉盖管理区马鬃山沙化草地修复（蒙草公司　提供）

生态环境的改善和牧区人民生活水平的提高。但我国仍存在大面积草地沙化现象，仅内蒙古现有沙化草地面积就达到 1.65 亿亩，占内蒙古草原总面积的12.5%。

沙化草地治理基本思想以模拟原生植被主要物种组成、配比，通过驯化乡土植物、扩繁、育种，进而配置播种所用"种植包"最终达到模拟自然植被修复的效果。耐旱乡土草的开发利用对沙化草地的治理具有重要价值，中国林业科学研究院利用野牛草抗逆性强、繁殖速度快等特点，结合雨季或实施修复时即时供水，在沙化草地采用自然撒播、划破补播等多种工程措施，实施生态修复。民勤治沙站基于长期物种生态适应性的观测研究结果，依据物种适应干旱机理的差异性和互补性原理，选择梭梭、红砂、沙蒿、黄花补血草、沙米、盐生草等植物，形成乔灌草相结合的长期稳定的防风固沙林模式。

蒙草公司草原生态系统研究院近年累计治理沙化草地 30000 余亩，治理效果明显，治理成本可控，并形成了可复制推广的治理模式。目前，已将该治理模式推广应用于锡林郭勒盟正蓝旗、西乌珠穆沁旗、通辽市扎鲁特旗等地。

青海三江源果洛大武镇黑土滩退化草地（左）和恢复后植被（右）（马玉寿　提供）

3. 高寒草地黑土滩生态修复

青藏高原约占中国陆地国土面积的 1/4，是长江、黄河、澜沧江等的发源地，是关乎中国水资源安全和生态安全的关键地区。青藏高原分布着各类草地151.4 万平方公里，占青藏高原面积的 60%，其中高寒草甸的面积最大，达64.1 万平方公里，占青藏高原草地总面积的 42%。近年来，由于气候变化和人类活动双重影响，青藏高原草地退化问题日趋严重，其中，三江源地区"黑土滩"作为高寒植被极度退化后的一种典型表征，受到国家和科研工作者的高度重视，攻克"黑土滩"成为青海省三江源自然保护区、三江源国家公园等一系列生态工程举措的研究重点。

黑土滩作为高寒植被极度退化后的典型表征已失去自我恢复能力，对其恢复更多的以人工辅助措施为主，即"人工草地改建"。在黑土滩形成之前，通过围栏封育、人工补播、施肥、灌溉、除毒草、灭鼠等措施恢复轻度、中度退化草地对于遏制黑土滩的扩张至关重要，对于已形成的黑土滩，采用人工草地改建恢复，并辅助围栏封育等措施防止二次沦为"黑土滩"。

在黑土滩恢复中，选择适宜的物种并合理搭配是构建稳定人工群落的基础。

蒙古呼伦贝尔利用自主研发的补播机补播苜蓿（张英俊　提供）

莎草、禾草和豆科植物都曾被广泛应用于黑土滩人工草地改建中。基于长期草种生态适应性评价结果，黑土滩人工草地物种选择主要集中于禾本科植物，如根系较发达的垂穗披碱草、老芒麦和中华羊茅，根茎型禾草青海草地早熟禾和青海冷地早熟禾等。

4. 退化典型草原生态修复

退化草原植被免耕补播是恢复天然草原植被、修复草地生态、改善草场质量、提高退化草原生产力和物种多样性的重要措施。主要包括补播草种的选择、补播机械、补播技术和播后管理与利用。选择与退化草原土壤呈中性或正反馈作用的补播草种；为了防止补播后土壤水分散失影响种苗成活，中国农业大学研制了倒 T 形开沟器，可显著降低补播后土壤水分散失，同时还可防止原生植被地上凋落物等对补播种苗生长的化感限制；根据退化等级和当地降雨情况选择不同的补播技术；补播后的草地管理以留茬高度为指标进行中度利用管理。

5. 荒漠干旱区生态修复

西北干旱荒漠区约占国土面积的20%，是我国生态环境最脆弱的区域之一。全球气候变化及人类干扰的增加进一步改变了干旱荒漠生态系统结构及其生物学过程，植被退化、生物多样性锐减、地表风蚀过程加强、风沙灾害加重、荒漠化

蒙古乌海市骆驼山煤矿无芒隐子草生态修复（胡小文　提供）

土地面积快速扩展，严重降低了荒漠生态系统的稳定性及其整体生态服务功能水平。驯化选育适宜荒漠区生长的乡土草植物，是改善荒漠区植被结构，实现荒漠化治理的重要途径。

兰州大学自 20 世纪末即开始乡土草种的驯化选育及其在生态修复中的应用研究，成功驯化无芒隐子草等乡土草种，建立了无芒隐子草等 10 余种乡土草种的幼苗建植、种子生产、病虫害防治、水肥管理等技术体系，并成功应用于内蒙古乌海采矿区和新疆阿勒泰的荒漠草地治理。

在内蒙古骆驼山煤矿的修复中，项目就地取材，应用乌海湖淤泥、多孔硅等保水材料对客土层进行改良以提高其肥力和保水性，选用以无芒隐子草等抗旱、抗寒耐贫瘠的乡土草灌植物，通过合理搭配草—灌—乔等乡土物种构建了以无芒隐子草为主要建群种的地带性动态稳定群落成功实现了荒漠区植被生态修复的可持续性。针对矿区立地条件和不同土壤情况，项目也采用了种子包衣、养分和微生物添加等技术，并辅以覆盖、生态棒、草方格等管理措施提高其建植效率。

2006 年，戈宝绿业（深圳）有限公司投资，与兰州大学、中国科学院、新疆农业大学等联合，开展罗布麻的驯化选育，并在此基础上大力发展人工种植罗布麻荒漠化治理技术，研究形成了包括罗布麻种子选育、营养土制备、温

新疆阿拉哈克镇利用罗布麻进行生态修复（刘起棠　提供）

莫日格勒河畔（陈纬国　提供）

室育苗、苗圃管理、田间移栽、田间水肥管理等关键技术在内的罗布麻大规模种植技术体系，累计建成3万亩罗布麻生态屏障区，有效改善了当地生态环境，形成了罗布麻茶为主的新型产业，实现了野生植物发展—生态环境修复—传统产业转型—农牧民增收的有机衔接。纪录片戈宝《拯救在行动》在中央电视台发现之旅频道《匠心智造》进行了专题报道。

总体来说，我国草地生态环境持续恶化势头得到明显遏制。2019年，全国草原综合植被盖度较2015年提高2个百分点，重点天然草原平均牲畜超载率较2015年下降3.4个百分点，草原生态功能得到恢复和增强。然而，我国西部地区草地退化问题仍然严重，人—草—畜矛盾依旧突出，气候变化背景下草地生态系统恶化的压力仍然巨大。需要我国草原科技工作者不懈努力，保持草原生态与生产功能协调统一，因地制宜建立退化草地恢复技术体系，实现草原科学管理与可持续发展。

中国草原
（国家林业和草原局
宣传中心　提供）

六、突破大熊猫"三难"技术

大熊猫是我国的国宝，具有极高研究价值和观赏价值。大熊猫数量急剧减少，除了环境气候显著改变和人为影响之外，其自身生殖机能退化也是一个重要原因。圈养大熊猫繁育能力低下，主要体现在三个方面：发情难、配种受孕难和育幼成活难。在 20 世纪 90 年代，圈养雌性大熊猫能正常发情并受孕产仔的仅占 24%，雄性大熊猫能自然交配的只有 10%，幼仔成活到半岁的仅为 43%。

对于大熊猫的"三难"问题，国内外很多研究机构和动物园也做过大量研究。20 世纪 70 年代末期至 90 年代初期，北京动物园、成都动物园在某些技术上取得了个别成功经验。美国华盛顿国家动物园在 20 世纪 80 年代繁殖了 4 胎 5 仔，但全部死亡，最长的只活了 10 天。针对"三难"问题，中国大熊猫保护研究中心在当时林业部资助下，制定了"提高大熊猫繁育力的研究"的攻关课题，其目的是全面、系统地解决"三难"技术问题，研究持续时间从 1991 年 1 月至 2002 年 12 月，历时长达 12 年。

重任在肩，来不得丝毫松懈。中国大熊猫保护研究中心张和民等一批科研人员长期坚持在卧龙自然保护区，克服了山区生活和科研条件差等多方面困难，牺牲了大量的节假日和休息日，开展了大熊猫饲养管理、行为和激素诱导、繁殖生理、种公兽培育、人工育幼、人工乳研制等方面的多项研究工作，终于攻克了"三难"问题中的多个技术难点，建立了提高大熊猫繁育力的技术体系。

（一）破解"发情难"

大熊猫是独居动物，季节性发情，每年发情一次，野生大熊猫发情期集中在每年春季，一般在 3~5 月。大熊猫发情期分为三个阶段：发情前期、婚配期和发情后期。

在发情前期，雄性和雌性大熊猫通过嗅味标记和声音等信息进行交流。雄性大熊猫开始追逐发情的雌性大熊猫，尾随雌体之后并发出友好的羊叫声。雌体大熊猫通常会通过上树或逃走来竭力摆脱这种追逐，并且会对雄性发出嗥叫、尖叫等具有威胁性的、不友好的叫声。为了接近并控制雌体，雄性个体可能和雌体进行身体接触，并试图与之进行交配。随着雌性发情高潮的来临，雌体慢慢倾向于接近雄性。然后进入第二个阶段：婚配期。大熊猫对配偶的选择性强，婚配是比武招亲，在雌雄婚配之前，雄体大熊猫个体之间开始比武，强壮的雄性大熊猫获得婚配机会。在交配时，两性都会发出羊叫声。交配完成后，雌雄大熊猫分开，标志着每年一次发情交配期的结束。然后就进入漫长的发情后期，大熊猫几乎不会在一起。

圈养雄性大熊猫能自然交配的个体很少，再加上大熊猫之间的个体选择

大熊猫交配中发出的
声音（中国大熊猫保
护中心　提供）

大熊猫娜娜发情
（中国大熊猫保
护中心　提供）

也很强，大熊猫自然交配的成功率很低。1963—1977 年，由于大熊猫人工
繁殖研究刚刚开始，圈养大熊猫主要依靠熊猫自然交配而产仔，幼仔成活率
也极低，仅为 21.9%。1963—2000 年，国内外 14 个大熊猫饲养单位开展
大熊猫繁殖工作，共繁殖大熊猫 165 胎，产仔 245 仔，存活半岁以上的幼
仔有 126 仔，存活率为 51.4%。

大熊猫草草于 2018 年 7 月 25 日成功产下一只雄性幼仔（左），17 点 55 分，草草产下二仔，工
作人员鉴别幼仔为雌性（右）（中国大熊猫保护中心 提供）

中国大熊猫保护研究中心的科技工作者开展了营养学、行为学、繁殖生
理学研究，根据大熊猫生长发育需要，研制了大熊猫营养饲料，并根据大熊
猫的消化生理特征实行少量多餐制，不同年龄、不同性别、不同生理周期的
大熊猫有不同的营养配方。通过研究大熊猫的行为学和野外环境，科学设计
大熊猫圈舍，模拟大熊猫野生生活环境，提高环境丰富度，为大熊猫创造了
生活环境的多样化。通过研究，发明了大熊猫诱导和刺激法，在发情前期，
使用不同性别的尿液、粪便和叫声进行发情诱导和刺激，并将大熊猫转运到
繁殖场，让发情的雌性大熊猫与不同的雄性大熊猫接触和交流，在繁殖场的
隔墙上专门设计了交流窗，可以进行身体、化学信息和声音信息的交流，极
大地改善了雌性、雄性大熊猫之间的交流，为大熊猫性选择提供了非常有利

的条件。建立了大熊猫超排技术，对长期发情行为不正常且未产过仔的育龄雌性大熊猫，使用促性腺激素（卵泡成熟激素和人绒毛膜促性腺激素）诱导大熊猫发情、排卵，使 4 只长期不发情或不能正常发情、排卵的雌性大熊猫成功繁殖 11 胎 15 仔。通过这些技术，让 90%以上的育龄雌性大熊猫均能正常发情，跨过了"发情难"的难关。

（二）解决"配种受孕难"

大熊猫是季节性发情，每年春季发情一次，排卵 1~3 枚，受孕期只有 1~2 天时间，如果错过以后，只能等来年再试。大熊猫在配对的过程中，选择性非常强，如果雌性大熊猫不喜欢雄性大熊猫，几乎都不能成功交配。因此，大熊猫配种受孕难。

多年以来，大熊猫受孕率低的主要原因是不能准确预测其排卵期，在配种方面主要靠估计和经验判断。动物的排卵是受体内雌激素控制的，中国大熊猫保护研究中心的科技工作者最先在国内进行酶联免疫法检测雌性大熊猫尿液中雌激素的研究，采到尿液后 3 个小时便可测定出大熊猫的雌激素准确含量。建立了迅速、科学、准确监测雌性大熊猫的发情高潮期的方法，能够动态了解每只大熊猫的雌激素变化情况，并结合阴道上皮细胞角化率监测和行为学观察，准确判断排卵期，提前预测大熊猫接受交配和进行人工授精的最佳时间，极大地提高大熊猫的受孕率。这一技术创新使 75% 育龄雌性大熊猫和 50%育龄雄性大熊猫繁殖了后代，彻底解决了"配种受孕难"的难题。

（三）攻克"育幼成活难"

因为大熊猫幼仔是典型的"早产儿"，以前研制的人工乳难以适应幼龄大熊猫消化和生长发育的需求，致使消化道疾病经常发生，所以人工育幼成活率很低，少数成活的幼仔也因消化道疾病困扰难以正常生长发育至成年。中国大熊猫保护研究中心科技工作者新研制的人工乳不仅易于幼仔消化吸收，刺激其免疫系统的发育，而且也可用于饲喂食物转换期的幼兽，直至2.5岁。应用新研制的人工乳，使育幼成活率连续5年达到100%，而且还解决了人工饲养亚成体大熊猫死亡率高、生长发育不良的老问题。这一技术创新解决了长期以来幼仔和亚成体高死亡率的难题。同时运用模仿母兽育幼行为及环境特征进行人工育幼，成功育活了大熊猫弃仔19只。1998—2000年，育幼成活率达到90%，2000—2004年连续5年育幼成活率达到100%。

通过"三难"技术创新，中国大熊猫保护研究中心在1991—2004年14年间，共繁殖大熊猫48胎72仔，成活59仔，由最初的10只大熊猫发展到81只大熊猫，种群数量增长迅速。除去抢救的20只野外大熊猫，14年内共有8只死亡，实现净增大熊猫51只，形成世界上最大的大熊猫圈养种群。在这14年期间，中国大熊猫保护研究中心以外的大熊猫圈养种群，不但没有增加而且有所下降（1991年是99只，2004年是87只）。

在突破国宝大熊猫"三难"技术期间，中国大熊猫保护研究中心出版了

育幼工作人员正在给新生大熊猫幼仔刺激排便（中国大熊猫保护中心 提供）

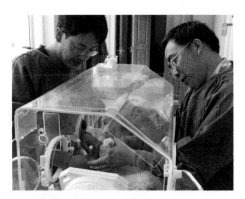

在"温室"中成长的大熊猫（中国大熊猫保护中心 提供）

在育幼箱中的大熊猫双胞胎（中国大熊猫保护中　一个月的熊猫宝宝（中国大熊猫保护中心　提供）
心　提供）

《大熊猫繁殖研究》《大熊猫人工育幼研究》《大熊猫人工育幼操作手册》《大
熊猫饲养管理》四部学术专著，在国内外学术刊物上发表论文63篇，并制
定了大熊猫人工饲养技术规程等标准。"提高大熊猫育幼成活率的研究"成
果获得了2002年四川省科学技术进步奖二等奖，"提高大熊猫繁育力的研究"
成果获得了2004年四川省科学技术进步奖一等奖、2005年国家科学技术
进步奖二等奖。

　　到2020年年底，应用该项技术，中国大熊猫保护研究中心的圈养大熊
猫已经达到331只，比2004年的81只大熊猫，增加了250只，为实现圈
养大熊猫种群的自我维持和遗传多样性保护作出了重要贡献。

大熊猫保护、救护、
野外放归
（中国大熊猫保护
中心　提供）

七、成功拯救朱鹮种群

朱鹮，又名朱鹭、红鹤，历史上曾广泛分布于亚洲东南部，东迄日本列岛，西至中国甘肃、青海两省的交界处，北起俄罗斯西伯利亚东南部，南抵中国台湾。由于人类活动的过度干扰，朱鹮种群在 20

绚丽多彩的朱鹮（王超　提供）

世纪上半叶从极度繁盛中快速衰退并濒临灭绝，一度仅在秦岭深处孑遗最后7 只个体。我国政府经过不懈努力将朱鹮从物种灭绝边缘拯救回来，并使其不断繁衍壮大。如今，朱鹮的全球种群数量已达 6000 余只，成为全球濒危野生动物保护的成功典范。在朱鹮拯救和保护的历程中，凝聚着中国政府在野生动物保护方面作出的不懈努力和杰出贡献。

（一）发现最后 7 只个体

20 世纪以来，人类活动对自然环境的影响日益显著，对朱鹮造成了致命的打击。农业现代化的过程中大量使用农药化肥，导致朱鹮赖以生存的水田生态系统退化，泥鳅、鱼虾、水生昆虫等食物大量减少；森林的大面积砍伐使得朱鹮逐渐丧失了营巢和栖息的场所；朱鹮绚丽多彩的身姿也为其带来杀身之祸，遭到了大规模的猎杀。至 20 世纪中叶，朱鹮的数量急剧减少并相继在俄罗斯和朝鲜半岛绝迹。日本于 1981 年年初将野外仅存的 5 只朱鹮全部捕获，期望通过人工饲养和繁育来复兴种群，但最后以失败告终。至此，广阔的东北亚大地上已经难以见到朱鹮的影踪，曾经极度繁盛的朱鹮种群可能灭绝。

20世纪70年代末，就在人们对野外是否还有朱鹮幸存普遍感到悲观时，我国政府当即决断：哪怕大海捞针，也要查个究竟！在紧锣密鼓的部署下，以刘荫增为代表的科考队自1978年开始了为期3年的漫漫寻访朱鹮之旅。科考队仔细研究了国内的朱鹮标本，详细了解了其形态特征，并在浩如烟海的资料中收集整理有关朱鹮的观察记录和生活习性，最终划定了北起黑龙江、西自甘肃天水、南抵福建和台湾的"朱鹮三角区"，作为潜在的考察区域。

1978年秋冬季节，科考队深入长江下游一带的稻作区进行考察，在走访老农的过程中了解到一些朱鹮的历史资料，但没有任何实质上的发现。1979年，科考队继续考察了华北和长江中下游的丘陵地带，依然不见朱鹮的踪迹。经过反思，科考队认为东部地区虽然曾经是朱鹮的主要分布区，但人口过于密集，人为活动干扰巨大，朱鹮继续存活的空间很小。于是，科考队调整了方向，于1980年转战西北地区以及华中的秦巴山区。这一次虽然没有见到朱鹮，但终于在甘肃徽县的一个农户家中发现了数枚朱鹮羽毛。这无异于给队员们注入了一剂强心剂！

1981年春，刘荫增率领的科考队再次深入秦岭南麓的汉中盆地。他们白天沿着朱鹮可能出现的河流、库塘和稻田考察，夜晚则聚集村民播放朱鹮幻灯片进行宣传，并向群众承诺，给予信息提供者重奖。功夫不负有心人，广泛的宣传起到了效果。5月的一天，洋县村民何丑旦和何天顺冒雨来到科考队驻地，报告说在北部山区看到过朱鹮。1981年5月18日，在两位老乡的带领下，科考队来到了洋县金家河，突然在莽莽群山中听到了朱鹮响亮的鸣叫声。科考队压抑着惊喜的心情仔细搜寻，陆续发现了在空中飞行、在山沟水田中觅食的一对朱鹮。经调查了解到，这一对朱鹮原本已经营巢并孵出 4 只雏鸟，但前几天因村民砍伐巢树制作寿材而繁殖失败，这对丧失儿女的朱鹮常在周边游荡悲鸣。经过几天的跟踪考察，科考队又在姚家沟一块墓地的青冈树上发现了正在繁殖的另外一对朱鹮，巢中还有 3 只雏鸟。

1981 年 5 月 23 日，中国正式向世界宣布了这一振奋人心的喜讯：在秦岭南麓的洋县还存活着 7 只朱鹮！至此，以刘荫增为首的中国朱鹮科考队经过漫长而艰苦的 3 年"长征"，跨越 14 个省份，行程 5 万余公里，沿途风餐露宿，屡遭困厄而矢志不移，终于发现了残存于深山之中的 7 只朱鹮，在这个物种即将陷入深渊的瞬间将其拉拽回来，为朱鹮的拯救和复兴保留了最后一线希望。

（二）就地保护

这全球仅存的 7 只野生朱鹮，能否成为复兴种群的火种？如何开展有效的保护措施来拯救这一极小种群？这是当时最为紧迫的问题。专家对洋县自然环境进行调查后认为完全满足朱鹮在野外的繁殖需求，因此中国决定采取野外就地保护为主、人工饲养繁育为辅的策略。事后证明，上述保护策略对拯救和复兴朱鹮种群起到了决定性的作用。

当即，洋县林业局调拨人员组成"四人小组"，在刘荫增研究员的率领下驻扎在姚家沟，成立了"秦岭一号朱鹮群体临时保护站"，成为这个偏僻小山村的"第八户人家"。保护小组的首要目标是排除一切意外，确保朱鹮的顺利繁殖，为此不辞辛劳，在巢树附近搭建了简易窝棚，进行 24 小时值守。为了防止蛇攀爬上树伤害幼鸟，在树干上绑上了利刃；为了防止雏鸟掉落摔伤，在巢树底下拉起了软网；为了掌握朱鹮的觅食地，保护人员常常翻山越岭地跟踪巡查，真可谓"鸟在天上展翅飞，人在地上跑断腿"。朱鹮在繁殖期要哺育幼鸟，食量大幅增加。为了保障幼鸟的顺利成长，保护人员在朱鹮经常光顾的稻田中投放泥鳅来补充食物的不足。朱鹮在稻田觅食可能会踩踏秧苗，为了防止村民们驱赶伤害，保护人员开展了耐心细致的宣传和劝说工作。这些"保姆式"的保护措施，对保障 7 只个体的安全起到了关键作用。

朱鹮种群发展稳定后，科研人员开始应用越来越多的科学手段来加深对其活动规律的了解，促进高效保护。从 20 世纪 90 年代开始，科研工作者给部分朱鹮佩戴特制的无线电发射器来确定其活动地点。随着科技的发展，最近 10 余年开始给朱鹮佩戴卫星发射器，利用 GPS 卫星或北斗卫星每小时甚至数分钟一次自动定位朱鹮的活动位点，科研工作者足不出户就可以了解特定个体的活动轨迹和栖息地需求，大大节省了人力投入。与此同时，科研工作者还给出生的幼鸟佩戴由全国鸟类环志中心特制的脚环，上面的编码相当于朱鹮的"身份证号"，能够追溯每只个体的父母、出生地、性别、年龄等信息，从

朱鹮觅食
（陕西汉中朱鹮
国家级自然保护区
管理局 提供）

朱鹮返回夜宿地
（陕西汉中朱鹮
国家级自然保护区
管理局 提供）

刘荫增给保护人员授课（陕西汉中朱鹮国家级自然保护区管理局 提供）

繁殖看护窝棚（陕西汉中朱鹮国家级自然保护区管理局 提供）

安置防蛇刀片（陕西汉中朱鹮国家级自然保护区
管理局 提供）

野外投食（张跃明 提供）

巢址调查（刘冬平 提供）

无线电遥测（陕西汉中朱鹮国家级自然保护区
管理局 提供）

野外环志（陕西汉中朱鹮国家级自然保护区管理
局 提供）

数字环标记（中岛卓也 提供）

而可以精确地开展谱系管理，并通过野外观察来分析朱鹮的死亡率以及整个种群的年龄结构和性别比例，为开展针对性的保护管理提供科学依据。

朱鹮是一种非常依赖农村生产资料而生存的鸟类，喜好在稻田中觅食，在房前屋后的大树上夜宿和营巢。随着朱鹮数量的增加，保护与社区发展之间的冲突逐步显现。为了解决这一问题，保护机构逐步摸索出一套依托当地社区的保护模式。首先，通过各种方式鼓励当地社区直接参与有偿的朱鹮保护活动。例如，以合同工的形式聘用朱鹮主要活动村落的知识青年作为监测员，充当朱鹮保护与当地社区之间的桥梁和纽带；在朱鹮的重要繁殖地、夜宿地和觅食地聘用当地村民作为信息员，创建了快捷高效的信息报告制度，促进了朱鹮的保护；鼓励农户参与栖息地保护和恢复工作，如保护朱鹮的营巢树和夜宿林木，对冬季闲置水田进行翻犁蓄水等。其次，引导和扶持当地社区发展环境友好型产业，从朱鹮保护中受益。例如，扶持种植中药材和经济作物等替代性生计；开发绿色农业和朱鹮有机品牌，提高当地农副产品的附加值，促进农户增收；大力开发以观鸟、赏花、休闲为目的的生态旅游，促进公众对洋县朱鹮保护和自然人文景观的了解，带动当地旅游产业和经济的发展，践行"绿水青山就是金山银山"的生态文明建设理念。

绿色水稻种植（张跃明　提供）

有机梨种植和采摘（陕西汉中朱鹮国家级自然保护区管理局　提供）

（三）人工饲养繁育

人工饲养繁育是一种迁地保护措施，是指将数量极少、野外生存和繁衍受到严重威胁的物种部分迁出原地，移入动物园、植物园、濒危动物繁殖中心等人工环境下，进行特殊的保护和管理。人工饲养繁育是对就地保护的有益补充，是生物多样性保护的重要措施。

中国在采取就地保护行为同时，也积极开展辅助性质的人工饲养繁育工作。1981年在姚家沟发现的1巢朱鹮中，1只幼鸟（朱鹮华华）坠巢后被送到北京动物园，由此拉开了中国朱鹮的人工饲养繁育序幕。1986年在北京动物园成立了朱鹮养殖中心。为了便于对日渐增多的野生伤病个体进行救护饲养并发展人工饲养种群，1990年在陕西省洋县也成立了朱鹮救护饲养中心。

朱鹮的人工饲养一般采取天然食物与人工合成饲料相结合的方法，取得了很好的效果。与之相比，朱鹮在人工饲养条件下的繁殖经历了较为漫长的探索过程。主要原因是，朱鹮在繁殖期比较敏感，如果环境不太适宜，或者人为干扰较大，常常导致失败。在早期，朱鹮人工繁殖的策略是，在朱鹮产卵后立即取出，放入孵化器中进行孵卵，孵卵过程中的温度、湿度等条件的控制十分重要，还要注意翻卵和凉卵的节律。在出壳的过程中，有时雏鸟不能环啄自行出壳，则需要十分细心地进行人工辅助。朱鹮是晚成鸟，雏鸟出壳后需要长达40余天的饲喂。在自然条件下，雏鸟将喙插入成鸟口中，后者将半消化的肉糜状食物吐出进行喂食。这一特殊的饲喂方法为人工条件下的幼鸟饲喂带来了挑战。经过多年的探索尝试，北京动物园终于在1989年成功地孵出一只雏鸟。人工繁育技术的攻克，促进了饲养种群数量的快速增长，为开展野化放飞储备了充足的种源。截至 2020 年年底，我国已在北京、陕西、河南、浙江、广东、四川、河北等地建立了多个朱鹮人工饲养基地，饲养朱鹮的数量达 1400 多只。

朱鹮给雏鸟喂食
（陕西汉中朱鹮
国家级自然保护区
管理局　提供）

　　为了对饲养个体进行科学的管理，科研人员给饲养个体也佩戴了单一编码的脚环，用以记录谱系档案。朱鹮性成熟后，根据谱系挑选亲缘关系较远的个体进行配对，这样生出来的后代更为健康。此外，在很多有条件的饲养基地还修建了大型的野化网笼，内部设置了类似野外的环境，饲养个体可以在这种半自然状况下飞行、觅食、自由配对繁殖，为今后回归野外奠定了基础。

集约化人工饲养笼舍（刘冬平　提供）

野化网笼（刘冬平　提供）

机器孵卵（陕西汉中朱鹮国家级自然保护区管理局　提供）

人工育雏（陕西汉中朱鹮国家级自然保护区管理局　提供）

（四）野化放飞

虽然野生朱鹮的就地保护取得了积极的进展，但由于仅有一个野生种群，且分布在秦岭南麓狭窄的区域内，传染性疾病、突发自然灾害、环境污染等威胁可能会对这个单一种群造成毁灭性打击。解决问题的关键措施是开展野化放飞，将人工饲养的个体经过野化后释放到历史分布区，建立多个新种群，减小灭绝风险。鉴于此，在 1999 年召开的国际朱鹮保护研讨会上，国内外学者首次就朱鹮野化放飞的可行性进行了探讨。2001 年，国家林业局制定了《全国野生动植物保护及自然保护区建设工程总体规划》，首次明确提出开展朱鹮放飞地点的选择及人工饲养种源的储备工作。2001—2003 年，国家林业局组织专家对陕西、河南、湖南、浙江开展了朱鹮放飞地点的考察和评估，积极着手相关准备工作。

野化放飞是一个系统工程，涉及很多工作。选择的放飞地点要位于历史分布区，要有适宜栖息地和充足的食物，并消除威胁因素；需要对放飞地的居民开展广泛的协调和宣传，保障放飞后的鸟类保护工作；需要对放飞个体进行野化训练、安全释放、野外监测和人工干预等。当时在国内尚无可充分借鉴的经验，一切需要在实践中摸索。为此，中国林业科学研究院全国鸟类环志中心与陕西汉中朱鹮自然保护区合作，于 2004—2006 年在秦岭深处的华阳镇开展了朱鹮野化放飞试验。由于朱鹮饲养个体长期生活在狭小的网笼中，飞行、上树栖息、躲避天敌以及在自然环境中觅食等能力有不同程度的退化，因此，提高这些个体的野外生存技能便成为首要解决的关键问题。为此，科研人员在野外修建了一个大网笼，内部模拟自然环境，使朱鹮能够逐步学习飞行、上树栖息以及在自然湿地中觅食的技能；通过播放猛禽的鸣叫声来刺激朱鹮发展躲避天敌的能力；科研人员在野化训练过程中穿着模拟朱鹮的服饰，以便减少朱鹮与人的近距离接触，保持其野性。通过这一试验，成功地在野外建立了一个放飞的小种群，并积累了有关野化笼舍环境配置、野化训练、释放方法、野外监测与人工干预等一系列技术经验，为后续野化放飞提供了科学依据。

模拟亲鸟开展野化训练（刘冬平　提供）

河南董寨朱鹮放归自然（刘冬平　提供）

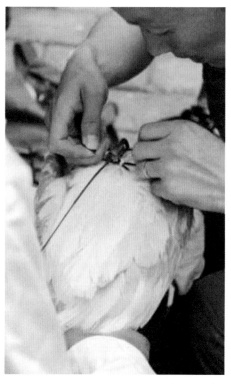

为即将放归自然的朱鹮佩戴跟踪器（陕西汉中朱鹮国家级自然保护区管理局　提供）

　　华阳试验大获成功后，自 2007 年开始，我国先后在陕西宁陕、陕西铜川、河南董寨、陕西宝鸡、浙江德清和陕西周至 6 个地点开展了朱鹮的野化放飞，成功地建立了多个放飞种群，极大地增强了朱鹮种群抵御突发风险的能力。截至 2020 年年底，6 个放飞地点的野外朱鹮数量约 800 只。

上述野化放飞地点与陕西洋县纬度近似，主要集中在华中一带的传统稻作区。这些野化放飞种群都是不迁徙种群，一年四季稳定地在释放地周边活动，主要依赖水田存活。目前，我国正在积极推进东部沿海野化放飞工作，以期重建历史上贯穿南北的迁徙种群。一旦恢复迁徙和不迁徙两类种群的生态功能，朱鹮对气候和环境变化的适应能力将大大提高，从而彻底摆脱濒危状态。为了实现这一目的，由河北北戴河湿地公园与陕西汉中朱鹮国家级自然保护区合作，中国林业科学研究院全国鸟类环志中心提供科技支撑，于2018年从陕西洋县引种至河北北戴河建立了全球纬度最高的朱鹮野化训练种群，成功地在大网笼中进行了自主繁殖并在户外越冬。依托北戴河优越的滨海环境，对朱鹮开展了滨海滩涂食物的投食试验，证明了朱鹮能够自主觅食20%~50%食量的虾蛄、沙蚕、蛏子和海肠子等滨海生物。这一研究结果表明，朱鹮能够摆脱对稻田和淡水湿地的绝对依赖，为在东部沿海拓展朱鹮分布区提供了科学依据。未来可以尝试在浙江德清放飞基地与北戴河野化基地之间，沿着东部沿海以300公里左右为间距，使用北戴河的野化训练个体建立3~4个放飞种群，通过相邻放飞种群间的往返扩散形成岛链状集合种群；在此基础上，通过人为手段或近缘种的引导，逐步恢复朱鹮的迁徙习性。

（五）重建海外种群

日本将朱鹮视为国家的象征，日本国民对朱鹮寄予极其深厚的感情。1981年将野外仅存的5只朱鹮捕获后，日本希望通过人工繁育来挽救这一物种。但这些个体中仅有1只雄鸟，性别比例失调，又因为在野外捕捉的过程中受到不同程度的惊吓和外伤，健康状况不佳，科研人员虽然竭尽所能也没有繁殖成功。日本政府不愿让本土朱鹮绝种，希望借助与中国朱鹮进行跨国配对，产下源于本土的后代。经两国政府达成协议，1985年中国将1只雄性朱鹮华华（1981年来自姚家沟）出借3年，与日本雌性朱鹮阿金配对，但阿金未能产卵。1990年，日本改变思路，将雄鸟阿绿送到北京动物园与中国的雌鸟姚姚（1987年来自姚家沟）配对，希望日本朱鹮在新的环境下能够有所作为，但姚姚仅产下2枚未受精卵。这两轮合作繁殖的失败，表明日本的雄鸟和雌鸟很有可能已经年老而丧失了繁殖能力。到了这个地步，日本只能寄希望于完全通过中国的朱鹮和技术来恢复种群。1994年，中国向日本出借一对朱鹮龙龙和凤凤，并派遣饲养员赴日传授繁殖技术。遗憾的是，龙龙于当年12月死亡，中国朱鹮配对被迫解散。日本于次年尝试将凤凤与日本雄鸟阿绿进行配对，在凤凤相继产下5枚未受精卵后，阿绿突然死亡。至此，日本于1981年捕获的5只个体全部死亡，仅剩1只1968年捕获的雌鸟阿金。阿金年老体衰，早就丧失了繁殖能力，在2003年以36岁的高龄寿终正寝，正式宣告日本本土朱鹮彻底灭绝。

在这一背景下，中国政府继续向日本伸出了无私的援助之手。1999年，江泽民总书记访日时将一对朱鹮（友友和洋洋）作为国礼赠送给日本，当年就成功繁殖了3只幼鸟，日本举国欢腾。此后，朱镕基总理和温家宝总理访日时，相继将3只朱鹮（美美、华阳和溢水）赠送给了日本政府。2018年，应日本政府的请求，中国再次赠送1对朱鹮（楼楼和关关），用于改善日本种群的遗传多样性。至此，中国累计向日本出借朱鹮3只，赠送朱鹮7只，帮助日本重建了种群。在饲养种群数量逐步增加后，日本于2008年开始向野外释放朱鹮。截至2020年年底，日本有饲养朱鹮180只，野外朱鹮450余只。

韩国在朱鹮保护方面采取的行动相对较晚。2008年，应韩国政府的请求，胡锦涛总书记访韩时赠送了1对朱鹮（洋州和龙亭），并派遣饲养员传授饲养繁殖技术。2013年，中国政府再次向韩国赠送了2只雄性朱鹮（白石和金水）。经过不懈努力，韩国也于2019年开始向野外释放朱鹮。目前，韩国约有饲养朱鹮350只，野外朱鹮50只。

朱鹮（赵纳勋 提供）

我国政府通过向日本和韩国提供种源和技术，一方面帮助其重建了朱鹮种群，极大地缓解了朱鹮的濒危状况；另一方面，由于朱鹮在中日韩传统文化中占据重要地位并深受民众的喜爱，相关的保护合作也成为了三国政府和民间交流的纽带。从这个角度看，朱鹮保护已经超越了物种保护本身的价值，不仅成为中国野生动物保护中的旗舰物种，还是我国与日韩外交的重要载体。

从7只到6000多只，朱鹮保护成就了一段传奇。朱鹮的濒危等级已经下调，相关保护研究工作也获得了国家科学技术进步奖二等奖。但新时期的朱鹮保护仍然任重道远。一方面，面对朱鹮种群和分布范围的扩大，以及现代化进程对朱鹮栖息地的影响等新挑战，需要转变工作思路，调整保护策略。另一方面，亟需总结"朱鹮模式"，发掘其中有关国家政策与地方措施的统筹规划、专职保护与社区辅助的群策群力、严看死守与科学监测的相辅相成、政府补偿与可持续发展的循序渐进、人鸟冲突与和谐共存的辩证统一等实践经验，为其他极小种群野生动物的保护提供借鉴，让国际社会充分了解我国在野生动物保护领域付出的努力和取得的成果，彰显我国政府在这一领域的负责任态度。

八、一根竹支起一个大产业

挺拔青翠的竹子，既是中国文化的重要象征，又在改善全球生态、消除贫困、推动经济发展、沟通第三世界等方面发挥着重要作用。我国是世界上竹类资源最为丰富的国家，拥有竹子 647 种，约占全世界的 40%；竹林面积近 1 亿亩，约占世界的 20%。竹类产品涉及传统竹制品、板材、竹纸、纤维制品、竹炭等十大类几千个品种。2018 年，我国大径竹产量为 31.55 亿根，竹产业产值达 2456 亿元，从业人员达 800 万人。

我国是世界竹产业的主要技术研发国，十分重视竹业科技发展，连续四个五年计划中都设立了竹藤类国家科技计划项目，带动竹业科技创新和新产品研发能力不断提升。同时，竹业科技研究成果丰硕，2006 年，"竹质工程材料制造关键技术研究与示范"获得国家科学技术进步奖一等奖。2007 年至今，更有刨切竹单板、竹炭、竹木复合材、竹纤维、竹基纤维复合材料及植物细胞壁力学性能等项目获得国家技术发明奖和国家科学技术进步奖二等奖。这些成果的快速转化，不仅为我国竹产业创造了百亿级的经济效益，更重要的是为老少边穷地区开拓了致富途径，真正改善了人民的生活水平。2013 年，我国成功破解世界首个竹子全基因组信息，填

国家科学技术进步奖一等奖（国际竹藤中心 提供）

补了世界竹类基因组学研究空白。

我国现拥有竹子相关专利近 3 万件，约占世界的 60%。2000 年 7 月，在国际木材科学院院士江泽慧教授的努力下，成立了国家级非营利性科研事业单位国际竹藤中心，全面而系统地开展竹藤生物质材料等方面研究，也为第一个总部设立在中国的非营利性政府间国际组织——国际竹藤组织提供了强有力的科技支撑和智力支持。

（一）从无到有的竹材人造板

竹材的直径相对较小，且壁薄中空，各种木材加工的方法和机械都不能直接应用于竹材加工。千百年来，竹材多数都是以原竹形式或经过简单加工用于农业、渔业、建筑业，编织生活用品及农具、传统工艺品等。20 世纪 60 年代以后，人们从木材人造板工艺中得到启迪，开始了竹材人造板的探索与研究。随着人们对竹材本身的特性以及竹青、竹肉、竹黄及其相互之间的胶合性能有了较为深入的研究，先后研制出了有别于木材人造板的多种竹材人造板。

竹材人造板是以竹材为原料，经过一系列机械和化学加工，在一定的温度和压力下，借助胶黏剂或竹材自身结合力的作用，压制而成的板状材料。最早的竹质人造板产品是竹材胶合板、竹编（席）胶合板，属于胶合板类。

1981 年 12 月，南京林业大学张齐生等人率先提出了以"竹材软化展平"为核心的竹材工业化加工利用方式，即把竹材经过高温软化处理，使半圆弧形的竹筒展开成平直状，经刨削加工、干燥定形后，再涂胶、组坯胶合成竹材胶合板，开创了竹材工业化利用的先河。后经苏州林业机械厂和西北人造板机器厂的通力协作，研制了完整的竹材胶合板制造工艺和专用设备，并在江西宜丰、奉新和安徽黟县建设了三个年产 1000~2000 立方米的竹材胶合

竹胶合板（南京林业大学 提供）

竹车厢地板（南京林业大学 提供）

竹集成材（马红霞 提供）

竹集成材（国际竹藤中心 提供）

板试验工厂。1987 年，在南京汽车制造厂生产的跃进 131 卡车上正式成批使用竹材胶合板。同时，福州汽车制造厂用 20 毫米竹材胶合板代替 30 毫米模板和钙塑材制作客车底板；江西省部分客车厂也开始应用竹材胶合板。经过多年的试验研究，竹材胶合板的制造工艺、设备及其产品，已经逐步走向完善。由于竹材胶合板具有强度高、刚性好、变形小、胶耗量小、易于工业化生产等特点，已经作为一种较理想的工程结构材料，广泛应用于客货汽车、火车车厢底板和建筑用高强度水泥模板。"竹材胶合板的研究与推广"获得 1995 年国家科学技术进步奖二等奖、1995 年中国发明专利创造金奖。

1981 年 3 月，安徽农学院林学系与安徽当地家具厂协作，首次研制竹集成材。竹集成材是通过以竹材为原料加工成一定规格的矩形竹片，经防腐、防霉和防蛀处理，以及干燥、涂胶、热压等工艺处理进行组坯胶合而成的竹质板方材。竹集成材作为一种新型的地板和家具基材继承了竹材物理力学性能好、收缩率低的特性，具有幅面大、变形小、尺寸稳定、强度大、刚度好、耐磨损的特点，并可进行锯截、刨削、镂铣、开榫、钻孔、砂光、装配和表面装饰等加工方式。由于竹集成材生产时经过一定的水热处理，成品封闭性好，可以有效防止虫蛀和霉变。以竹集成材等竹人造板生产的竹地板以其独特东方

竹地板（刘红征　提供）

特色受到欧美国家消费者的广泛欢迎，成为最大宗出口的竹产品。1997 年，我国《竹地板》企业标准发布；2000 年，《竹地板》行业标准发布实施；2006 年，《竹地板》国家标准发布；2021 年 6 月，中国又牵头制订并颁布了《室内竹地板》ISO 国际标准。2008 年，我国竹地板产量仅为 450 多万平方米，到 2017 年我国竹地板（含竹木复合地板）产量就超过 1 亿平方米，出口约 1 千万平方米。

2006 年，由国际竹藤中心江泽慧教授领衔，中国科学研究院和南京林业大学等多家单位通力合作完成的"竹质工程材料制造关键技术研究与示范"获得国家科学技术进步奖一等奖。针对我国木材短缺、竹材丰富且利用率低的现状，研究开发了全新的竹质工程材料关键技术，经过连续 5 年的产学研联合攻关，研究了一套新的理论方法，形成了 6 项核心技术，开发出竹质工程材料三大领域 32 种全新竹质产品，产生巨大的经济效益，带动老少边穷地区经济发展和竹农脱贫致富。

2007 年，浙江林学院牵头完成的"刨切微薄竹生产技术与应用"项目获得国家技术发明奖二等奖。该技术以竹材为原料，在国内外首次成功地研

制了 0.2~1.5 毫米刨切竹单板及系列产品，发明了制备湿竹方材的干－湿复合胶合理论、竹板脉动式加压浸注技术，开创了竹材加工利用新领域，延伸了竹材加工产业链，使我国竹产品向高附加值方向迈进了一大步。

2012 年，由南京林业大学、国际竹藤中心等单位完成的"竹木复合结构理论的创新与应用"项目荣获国家科学技术进步奖二等奖。该项目深入分析了竹材和木材的材性、加工、经济和应用性能，在国内外率先提出了"竹木复合结构是科学合理利用竹材资源的有效途径"的科学论断，构建了完整的竹木复合结构理论体系，从微观和宏观层面上阐释了不同使用条件下竹木复合结构的失效机制，并提出了竹木复合结构的"等强度设计"准则，为各种高性价比的竹木复合结构产品设计和研发提供了坚实的理论基础。"一种集装箱底板及其制造方法"获 2013 年中国专利优秀奖。

2019 年，国际竹藤中心再次牵头完成"植物细胞壁力学表征技术体系构建及应用"并获得国家科学技术进步奖二等奖。该研究从理论上对竹材应用进行了深入研究，在细胞壁力学的四大核心科学问题上均取得了重大进展，促进了细胞壁力学学科的形成和发展，在国际上处于领跑水平。

（二）化零为整的重组竹

重组竹是一种新型竹材人造板，又称竹重组材，俗称重竹，是以竹束或纤维化竹单板为基本构成单元，按顺纹组坯、胶合、压制而成的板材或方材。壁薄中空的结构使竹材不能像木材一样被广泛应用，而重组竹制造技术的创新发明，则完全改变了人们对于竹子的认知，扩大了竹材的应用范围，成为我国竹材产业最具发展潜力的优势产业之一，也是竹产业研究的热点和前沿技术之一。

重组竹是我国竹材加工产业的原始创新技术。1998 年，浙江安吉竹材加工企业的研究人员在传统竹篾层积材生产技术的基础上，以一定长度的竹丝为基本组成单元，经多道工序处理制成了最早的重组竹，但其密度较高，锯切加工困难，开始并不被看好。随着重组竹成型工艺的进一步完善，以及在此基础上发明的经高温热处理后炭化竹丝压制成的重组竹，具有更加丰富的色彩纹理，受到了国内外消费者的欢迎。国内最大的重组竹生产企业的产能很快达5万立方米以上，重组竹地板销售价格达到了30美元/平方米，有力推动了重组竹产业的发展，并由此带动了装备、胶粘剂和下游加工产业的创新，我国的重组竹产业初具雏形。

2007年左右，由于初期的冷压热成型重组竹质量不稳定，导致外销产品大规模退货。重组竹的生产工艺再次优化，装备水平得到了进一步提高，并在此基础上发明了热压重组竹工艺，使我国能够生产大幅面的板材，满足了市场的不同需要。

2009年上海世园会前夕，浙江大庄公司在上海外滩第一次尝试将重组竹地板应用于户外地板栈道、取代传统的防腐木，并取得了良好效果，推动了我国户外重组竹产业的发展。此时，我国户外重组竹生产厂家已经接近40家，形成了一个新的应用领域。"竹重组型材及其制造方法"获2012年中国专利优秀奖。

2009年，中国林业科学研究院、南京林业大学等单位在原有重组竹制造工艺的基础上，成功开发了竹基纤维复合材料，可以使竹材利用率提高到90%以上，并成功应用到风电制造领域和建筑材料领域。2016年，"高性能竹基纤维复合材料制造关键技术与应用"项目获国家科学技术进步奖二等奖，进一步推动了重组竹产业的健康发展。

2017年，我国相关科研单位和企业又在重组竹胶黏剂和成型工艺方面获得了新的进展，成功开发出瓷态重组竹地板和一次模压成型重组竹地板，

户外重组竹地板
用于港珠澳大桥
人工岛景观平台
（刘红征　提供）

上述两种产品不但具有很好的防霉效果，而且具有显著的节能降耗效果。

截至 2020 年，我国户外重组竹地板产能已超过 1000 万平方米，户内产能超过 2000 万平方米，有力推动了竹产业的发展。

目前，我国已经成为拥有重组竹专利最多的国家，并且已经制定了结构用重组竹、户外用重组竹和重组竹地板等国际、国家和行业标准。重组竹生产制造企业以及上下游企业达 100 余家，重组竹制品已经成为我国竹材加工领域最具发展前景的产品之一，其开发对于保障我国木材供应安全，保护生态环境和助力山区农民脱贫致富都具有非常重要的意义。

（三）变曲为直的展平竹

在常规竹片制造过程中存在着竹材刨削量大、锯缝多、工序多等缺陷，出材率仅为 35% 左右，大大降低了竹材的利用率与生产效率。长期以来，利用我国资源丰富的毛竹材直接加工成大幅面装饰板材的技术一直处于空白，竹产业亟需开发一种新型的竹材加工技术。在此背景下，"竹展平技术"应运而生。不同于将竹筒通过剖分、刨削等系列工序加工成矩形竹片，再通过涂胶、组坯、热压等工序加工成板材，竹展平技术将竹筒或弧形竹片经过软化、展平、干燥、定型等工艺处理，制成平直状的竹片。

该技术由南京林业大学张齐生院士团队于 20 世纪 80 年代首先提出，采用高温软化展平技术制造竹展平板，并开发出相应的设备。制备得到的展平竹片经刨削加工成一定厚度和宽度的竹片后，按照胶合板的构成原理制成强度较高、刚性较好的结构用竹材胶合板，主要应用于车厢底板。但由于当时技术条件所限，竹材软化不彻底、展平过程中内应力无法释放，这类竹展平板产品表面会产生细裂缝，影响美观，限制其实际应用。

从 2006 年开始，南京林业大学与浙江大庄公司等单位合作，提出"竹材无裂纹展平技术"，并开展竹筒无裂纹展平工艺研究。最终，于 2008 年提出了基于竹材无裂纹展平的"竹材高温高湿软化—应力分散展平"理论，创制了配套关键装备，攻克多项重大技术难题，开发了展平竹砧板、展平竹地板、展平竹刨切单板、展平竹家具等系列竹展平装饰材产品。"无裂纹竹展平装饰材制造关键技术与产业化"项目荣获 2019 年梁希林业科学技术奖

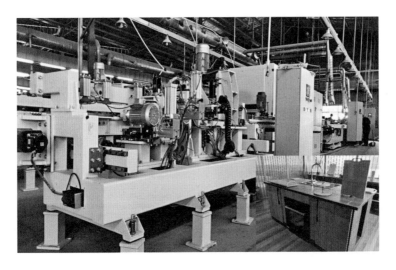

竹展平板生产线

及产品

（李延军　提供）

技术发明二等奖。

经过不断探索和改进，根据竹制品对原料单元的要求，南京林业大学与相关企业合作，力求进一步提高竹材资源利用率、降低生产成本，于 2019 年适时地提出弧形竹片高温高湿软化无刻痕展平竹装饰板生产技术，采用"高温高湿软化—无刻痕刨削展平"的连续化生产技术，制造无裂纹竹片展平板；在生产过程中竹展平板内表面无线痕或钉孔痕，将传统竹集成材的竹材资源利用率提高到55%，降低胶粘剂用量30%，节约能耗30%，减少加工工序，降低产品成本，促进了行业的科技进步。"竹材无裂纹展平关键技术与装备创制及应用"项目获 2020 年教育部技术发明奖二等奖。

（四）细如毫发的竹纤维

将竹材用于纺织是 2000 年后快速发展起来的新兴领域，是继棉、麻、毛、丝之后又一个新型纤维。丛生竹的纤维形态、力学性能、纤维含量总体上优于散生竹，是一种优良的天然纤维原料。我国南方拥有丰富的丛生竹资源，近年来被开发成为纺织用竹纤维的主要原料。纺织用竹纤维及其制品的加工制造是一个新兴产业，我国在纺织用竹纤维产品研发以及生产方面均走在了世界前列，其产品类型主要有三类：

竹粘胶纤维。竹粘胶纤维属再生纤维素纤维，是以竹子为原料，经碱化、老化、磺化等工序制成可溶性纤维素磺酸酯，再溶于稀碱液制成粘胶，然后经湿法纺丝而制成。采用不同的原料和纺丝工艺，可以分别得到普通粘胶纤维、高湿模量粘胶纤维和高强力粘胶纤维等。目前经过探索与实践，企业已掌握了竹粘胶纤维的生产工艺，突破了纺纱和染整等难题，利用竹粘胶纤维生产的服装和日用品已批量生产并投放市场，实现了工业化的目标。

天然竹纤维。天然竹纤维是指采用独特的物理、化学和机械方法去除竹子中的木质素和多糖等物质。从竹子中直接分离出来的纤维，保持了竹纤维原有的形态和特性，属于100%的天然纤维。国际竹藤中心团队在"十一五"期间联合企业开发出可纺织的天然竹纤维。目前，天然竹纤维的形态较粗但保持了特性和功能，可以用于纯纺和混纺，利用天然竹纤维制造的纺织品中已经出现试样品，产业化前景可期。

竹Lyocell纤维。我国纺织领域中Lyocell纤维也被称为"天丝"（英国公司在中国的注册商标）。其制造方法是由德国Akzo-Nodel公司首先发明并取得专利，20世纪90年代在英国得以工业化生产。该纤维和粘胶一样都是纤维素纤维，但是两者的生产方式截然不同，其纤维性能相差也较大。Lyocell纤维原来是以木浆为原料，采用溶剂法生产，它是以N-甲基氧化吗啉（NMMO）作为溶剂，溶解纤维素制成纺丝溶液，然后在水凝固液中纺丝得到纤维，纺丝后析出的溶剂可以通过蒸馏回收，回收率高达99%以上，可重复利用，生产过程污染小。目前竹Lyocell纤维正处于研发和中试阶段，其特点是强度好、纺织性能优良、制造过程有机溶液可以回收、环境污染小，未来前景十分广阔。

2015年，福建农林大学领衔完成的"竹纤维制备关键技术及功能化应用"成果荣获国家科学技术进步奖二等奖。该技术创新竹材蒸煮漂白和竹纤维复合技术，建立了高得率、低污染、低能耗制浆漂白生产线，创建了拥有自主知识产权国内唯一产业化竹Lyocell纤维生产线，开发出竹浆、竹溶解浆纤维及其环保型纺织材料、低定量包装材料和多功能墙体装饰材料。

此外，以竹纤维作为增强体的"绿色复合材料"，近年来尤其受到国内外学者的广泛关注。国际竹藤中心竹纤维复合材料研究团队，在纺织用竹纤维研

天然竹纤维及其纺织品（国际竹藤中心　提供）　　连续竹纤维设备以及生产线（程海涛　提供）

竹纤维异型汽车模压件（王翠翠　提供）

究的基础上，通过科技攻关，研制了竹纤维加工成套装备和植物纤维缠绕成型设备，开发了工业用竹纤维和连续竹纤维等新型竹质加工单元，并制备出连续竹纤维多维成型电缆保护管、异型结构竹纤维模塑汽车内衬件等新型产品，实现了高附加值竹基多维异型结构复合材料工业化和自动化加工制造。

（五）乌银玉质的竹炭

　　自 1995 年左右，浙江遂昌、安吉、衢州等地的炭农用竹子代替木材烧制竹炭，并出口到日本、韩国等国家。当时，主要有浙江林学院（现更名为浙江农林大学）、国家林业局竹子研究与开发中心（现更名为国家林业和草原局竹子研究与开发中心）和浙江省林业科学研究院等高校和研究机构从事竹炭研究。

2001 年以后，竹炭产业进入快速发展期。竹炭制备技术水平和技术含量显著提高，产品质量也随之明显提升。在此期间举办的四次竹炭产业发展国际论坛，使竹炭的国际知名度逐步提高，掀起了生产和贸易的热潮，厂商开始与科研单位进行科技合作，进一步扩大生产规模，提高产品加工能力。随着低碳环保理念的普及和深入，竹炭产业也迎来了新的机遇。竹炭生产技术及产品研发，逐步拓展到浙江大学、清华大学、厦门大学、湖南大学、南京林业大学、国际竹藤中心、中国林业科学研究院等一批国家重点大学和科研单位，研究领域不断扩大，涉及超微竹炭粉加工、竹炭基复合材料、竹炭超级电容器和竹炭食品等。

2009 年，"竹炭生产关键技术、应用机理及系列产品开发"项目荣获国家科学技术进步奖二等奖，该成果在国内外首次发现竹炭具有吸收甲醛等有毒有害气体、净化水质、产生红外线和负离子、释放微量元素的功能，并开发出 7 大系列 300 多种产品，形成了浙江衢州、遂昌及福建建瓯等竹炭产业集群，在竹产区建成 20 多条竹炭示范生产线，全国竹炭年产销量达 10 万吨，产值达 20 亿元。

2016 年以来，浙江佶竹、宁波笙炭等公司实现了采用环保装备机械化、连续化生产竹炭。其中，安吉的浙江佶竹生产能力显著提升，年产竹炭上万吨。先进高效的生产技术与设备，一方面宣告了传统作坊式砖土窑的淘汰；另一方面也加速了竹质活性炭、竹炭装饰板等新型竹炭产品的涌现。此外，还出现了一些新型炭气液联产化、自动化制备竹炭的生产企业，一批具有较强引领作用的骨干企业和科技研发中心站在了产业发展的前沿，使产业的整体实力得到了质的提升。

目前，中国竹炭产业形成了以浙江、福建、江西、湖南等地为主的特色发展区域，其中尤以浙江省最为突出，其国内市场占有率约达 70%。位于浙江安吉和余姚的两家企业开发的竹炭和竹活性炭环保生产设备等均达到世界领先水平。

竹炭产业中，目前已经开发了竹炭吸附、净化、保健、纤维、复合材料、工艺品、洗涤洁肤及竹醋液、竹沥液（鲜竹沥）等 9 大系列的 300 多种产品。竹炭生产装备由传统砖土窑型向机械化、连续化跃升，生产企业由作坊式向规模化转型，产品向功能化深度开发，出现了专业化生产竹炭产品的企业。

中国现已颁布的竹炭国家标准有 4 项，行业标准 5 项。除中国以外，目前国际上仅有日本和牙买加两个国家颁布了竹炭标准，即《日本竹炭分类标准》和《空气净化用竹炭》。2020 年 12 月，中国牵头制订的 3 项《竹炭》ISO 国际标准正式颁布。

（六）以柔胜刚的竹缠绕管道

竹缠绕管道是以竹材为基材，以树脂为胶粘剂，采用缠绕工艺加工成型的新型生物基管道。管道是由内衬层、增强层、外防护 3 层组成。内衬层由防腐性能优异、符合食品安全的树脂与竹纤维无纺布组成；增强层由竹篾与水性树脂组成；外防护层则由防水防腐性能优异的树脂和防辐射填料制成。

竹缠绕复合管直径可从 150 毫米到 3000 毫米，承受 −40~80℃ 的温度变化以及 0.2~1.6 兆帕的压力变化，用于城市给排水、水利输水、农田灌溉、污水处理、工业循环水等管道工程。由此衍生出的竹缠绕管廊，直径可达 8 米，可用于建造城市地下管廊。

竹缠绕复合管廊（浙江鑫宙竹基
复合材料科技有限公司 提供）

　　竹缠绕管道充分发挥了竹材轴向拉伸强度高、弹性模量好的特性，具有
保温性能突出、承压能力强、强耐腐、使用寿命长、节能低碳、重量轻等特
点。通过缠绕工艺而制成的新型生物基复合管材，突破竹材传统平面层积热
压技术及其应用领域，并且创立了理论及生产体系，实现了产业化生产。

　　竹缠绕复合管于 2007 年成功研发。2009 年，在浙江、安徽工程中成
功试用，并通过省级新产品鉴定。竹缠绕复合管第 1 代产业化中试生产线于
2010 年成功研发。2013 年，在水利部的组织下，竹缠绕复合管在新疆、浙江、
黑龙江 3 种不同气候环境下进行了示范应用，获得成功。2014 年 6 月，开
发了第 2 代产业化中试生产线。同年 8 月，国家林业局组织了科技成果鉴定
会，认定竹缠绕复合管技术达到"国际领先水平"。2020 年 3 月 1 日，《竹

竹缠绕压力管道
（浙江鑫宙竹基
复合材料科技有
限公司 提供）

缠绕复合管》国家标准颁布实施，标志着竹缠绕复合材料产业已从研发、示范应用阶段转入全面产业化阶段。

从 2015 年 7 月起，年产万吨的竹缠绕复合管生产基地陆续在湖北襄阳、山东临沂、内蒙古乌海、广西玉林、福建龙岩、河南南阳、重庆北碚等地建成投产。竹缠绕复合管道工程已超过 100 公里，各工程均运行正常。

竹缠绕复合管的推广应用，将充分利用我国闲置竹资源，大幅度提高竹材附加值，推动竹产业高质量发展，有助于实现碳达峰、碳中和，推动乡村振兴，以及在"一带一路"与南南合作中发挥重要作用，实现绿色发展、绿色生活，惠及社会，造福人类。

黎平翠竹（陈再明 提供）

竹建筑
（自然万象 提供）

竹缠绕
（浙江鑫宙竹基复合
材料科技有限
公司 提供）

竹缠绕管道
（浙江鑫宙竹基复合
材料科技有限
公司 提供）

九、创造更美更健康的家居产品

　　木材工业是我国林业产业的重要支柱，也是提高人民生活质量不可或缺的民生产业，经过近 30 年持续高速发展，我国已成为全球最大的木材产品生产、消费和贸易大国，人造板、家具、地板等主要林产品产量均稳居世界第一，在国民经济绿色发展和实现"碳达峰、碳中和"战略目标中具有十分重要的基础地位。现代木材工业加工技术的科学研究，在国际上始于 20 世纪 20 年代初，以木材学为基础，吸收了物理、化学、生物，以及热力学、机械工程等学科的理论与方法，逐步形成了一门高度综合的木材学科体系。1957 年，中国林业科学研究院木材工业研究所成立，成为中国木材科学与技术领域的综合性国家级研究机构。其后各省林业科学研究院、各个农林高校以及各相关工业系统均陆续建立相关研究机构。1979 年，我国重点林业省份相继引进国外人造板成套生产设备，重点建设了一批人造板骨干企业。20 世纪 80 年代中期，我国发明了无卡轴旋切机大大提高了单板的出材率。20 世纪 90 年代中期，国产中纤板成套设备已基本满足国内市场的需求，彻底改变了人造板进口成套设备一统天下的局面。进入新世纪，中国人造板装备制造业开始进入连续压机时代。2003 年人造板连续辊压线实现国产化，2008 年连续平压线实现国产化。目前，中国已成为世界人造板生产、消费和贸易第一大国，人造板行业总体由规模扩张向质量提升转变，在淘汰落后产能的同时，开发出大豆基无醛胶粘剂等新产品，依靠科技进步，我国木材工业逐步走上高质量发展之路。

（一）纤维板连续平压打破国外技术垄断

中密度纤维板（简称中纤板）是以木质纤维或其他植物纤维为原料，施加脲醛树脂或其他适用的胶粘剂，经热压工艺后制成的一种人造板材。目前已广泛用于家具制作、地板生产、复合门生产、室内装饰与装修等领域。

我国纤维板工业生产始于 20 世纪 50 年代末期，主要以湿法纤维板生产为主。1957 年，从瑞典引进年产 1.8 万立方米湿法纤维板成套设备，我国开始了大工业性质的纤维板生产。1959 年，我国又从波兰引进年产 1.5 万立方米湿法纤维板设备 4 套。之后，林业部组织设计了年产 2000 吨硬质纤维板成套设备，于 1966 年通过鉴定，定为 66 型。20 世纪 70 年代中期，我国组织设计了日产 10 ~ 12 吨湿法硬质纤维板全套工艺和设备等设计，定为 76 型。20 世纪 80 年代初，林业部又组织有关单位设计了日产 25 吨湿法纤维板生产线，成为当时我国自行设计的、规模最大的湿法纤维板车间，生产过程基本实现连续化，部分实现半自动化。1985 年袁东岩等人因硬质纤维板废水封闭循环回用研究而获得国家科学技术进步奖三等奖。

20 世纪 80 年代初，建成我国第一条国产中密度纤维板生产线，年产 7000 立方米中密度纤维板。这期间钱瑛琳、白宝泉等人也因研发出干法纤维板生产工艺和设备而获得 1978 年全国科学大会奖，为我国木材综合利用领域填补一项空白。20 世纪 80 年代末期，中密度纤维板在我国逐渐进入工业化生产。1982 年 4 月，引进我国第一套年产 5 万立方米中密度纤维板成套设备。1984 年以后，福州人造板厂、上海人造板厂河北京光华木材厂等引进的生产线都已投入正常运行。1985 年第 1 代国产年产 1.5 万立方米中密度纤维板成套设备装于上海南市木材厂问世。1992 年第 1 套成熟的年产

1.5 万立方米中密度纤维板生产线安装成功，1995 年正式投产出板；同年出板的还有 1994 年 9 月在河北易县人造板厂第 1 套年产 3 万立方米中密度纤维板生产线。

20 世纪 90 年代初，我国多层压机中密度纤维板生产线不断完善走向成熟。各个人造板机械制造企业先后研发出 1.5 万、3 万、5 万、8 万立方米中密度纤维板多层热压机及其生产线。截止到 2000 年，我国中密度纤维板总设计生产能力达 638 万立方米，成为全球中密度纤维板生产第一大国。随着压机技术的不断发展以及欧洲地区连续辊压机在薄型纤维板的投产，2003 年后，我国人造板机械制造业进入连续压机时代。2003 年 11 月，亚联机械制造的年产 5 万立方米连续辊压中密度纤维板生产线开始投产；2006 年，上海捷成开发的第 1 条年产 3 万立方米连续辊压中密度纤维板生产线开始投产；2009 年，哈尔滨东大公司第 1 条年产 5 万立方米连续辊压中密度纤维板生产线投产。到 2011 年 6 月，我国有 50 余套连续辊压生产线问世。

2006 年 5 月，上海人造板机器厂历时 6 年研发出具有自主知识产权的国产第 1 台年产 15 万立方米中密度纤维板连续平压机，结束了只有欧洲企业才能生产连续平压机的历史。2008 年 8 月亚联机械第 1 套年产 8 万立方米中密度纤维板连续平压机生产线开始投产。据不完全统计，2010 年年底，我国有中密度纤维板生产线 652 条，总生产能力达 3442 万立方米，年产量超过 3890 万立方米。目前，我国中纤板的生产总量及出口数量均居世界领先地位，传统的家具用材向强化地板业、包装业、汽车工业等领域发展。

连续压机是高度机电一体化的大型设备，对 21 世纪人造板工业具有里程碑意义，代表了人造板生产用压机的最高技术水平。连续压机不仅是压机的重大创新与发明，它还带动一系列人造板设备的技术进步。同时，其生产能耗低，同等产能的连续压机可节约原材料 10% 以上，节能 60% 以上，具有十分显著的经济效益和社会效益。连续压机正向着宽幅面、高速度发展。

（二）定向刨花板迅猛发展

刨花板是以小径材、枝桠材、木材加工或农林剩余物、废弃木材等作为原料，经刨花制备、干燥、拌胶、铺装成型、热压等工序加工制成的人造板材，是典型的绿色环保、资源节约和综合利用产品。主要应用于家具、装饰装修、产品包装、汽车、船舶、家电、建筑等领域。

中国刨花板工业始于 20 世纪 50 年。1979 年中国从德国比松公司引进一套年产 3 万立方米单层平压法刨花板生产线，1985 年由北京木材厂自行建成中国第一套年产 0.5 万立方米的平压刨花板生产线，同年从瑞士引进 1 条年产 0.5 万立方米卧式挤压法刨花板生产线（上海人造板厂和四川成都木材综合加工厂各 1 条）。之后由中国林业科学研究院在此基础上制造出一批年产 0.5 万立方米为主的单层压机刨花板生产线。

20 世纪 80 年代建设的刨花板生产线，规模小、投资少、见效快、设备容易更新，很快就在全国近 100 家小型刨花板生产企业投入使用。1985 年吉林省临江刨花板厂从德国比松公司引进国内第一条年产 5 万立方米刨花板生产线。90 年代，大量生产线开始建设。

2000 年后，刨花板企业引进生产线和提高生产工艺水平，严格控制产品质量，刨花板产品质量有了明显的提高。随着市场的回暖和定制家具的兴起，一批批规模型刨花板生产线先后投入生产。2014—2016 年，刨花板平均单线生产规模呈现逐年增大趋势，尤其是代表刨花板先进水平的连续平压生产线，该线连续化生产，没有板坯的装卸，一次成型。到了 2017 年，连续平压生产线迎来高速发展。

中国刨花板产业的创新发展离不开制造装备的发展，早期多为单层平压设备，该设备只有两层热压板，板坯装机送进热压机后才开始工作，生产的板材内部结构均匀、机械加工性能好，易于雕刻及做成各种型面、形状的部件。而后又发展到了多层压机。无论单层或多层压机，生产技术成熟，设备维护简单，且投资较小。

除了设备创新之外，刨花形态的改进也是近几年刨花板技术不断进步的一个重要方面。木材加工中剩余物的刨花经再加工可用作刨花板的芯层。表层刨花主要用采伐或加工中的高级剩余物（木材截头、板边等）专门加工制取。首先制备优质的刨花，经初碎、打磨、再碎及筛分刨花初含水率为 40%～60%，符合工艺要求的含水率芯层为 2%～4%，表层为 5%～9%。因此，要用干燥机对初含水率不等的刨花进行干燥，使之达到均匀的终含水率。然后将经过干燥的刨花与液体胶和添加剂混合。通常在刨花的每平方米表面积上，施胶 8～12 克。胶料由喷嘴喷出后成为直径 8～35 纳米的粒子，在刨花表面上形成一个极薄而均匀的连续胶层。再将施胶后的刨花铺成板坯，其厚度一般为成品厚度的 10～20 倍。即可进行预压和热压处理。预压压力为 0.2～2 兆帕，用平板压机或辊筒压机进行。随着刨花形态的不断进步，可饰面定向刨花板、可饰面无醛定向刨花板、轻质超强定向刨花板逐渐成为市场的新热点。

定向刨花板（OSB）作为一种典型的刨花板，是以小径材、间伐材、木芯、板皮、枝桠材等为原料，用特殊的刨片设备（长材刨片机或两工段削片刨片设备），顺着木材纹理方向将其加工成长 90～130 毫米、宽 5～30 毫米、厚 0.5

毫米左右的刨花，经过干燥、施胶，将刨花按照规定的方向纵横交错定向铺装后，热压成型的一种人造板材。

我国第 1 条 OSB 生产线是 1985 年由南京木器厂引进的联邦德国辛北尔康普公司的全套设备，年产量 1 万立方米。第 2 条生产线是江西赣州第二木材厂引进的，年产量 1.68 万立方米。从 2005 年到 2009 年全国陆续增加 OSB 生产线，最具标志性的是 2010 年湖北宝源木业有限公司斥巨资建成亚洲最大的年产 22 万立方米的 OSB 生产线。

近几年，我国对定向刨花板的应用进行了大量的研究和探索，北新建材集团有限公司（简称北新建材）率先在地板领域进行了尝试。后来黑龙江嘉穆板业进行了更深入的研究，对 OSB 无装饰面板直接企口、表面贴实木表板不封边等制作地板工艺进行了大量的试验，取得了多项专利；同时对 OSB 在木屋领域的应用进行了探索，也取得了专利。在建筑模板方面进行了 OSB 胶膜板、OSB 贴单板和 OSB 表面覆单板一次合成制作建筑模板，以及 OSB 生产线一次合成制作高档门芯板等方面做了大量的试验和研究，取得了成功。由于 OSB 具有天然的木材纹理，近年来，也被广泛使用在电视背景墙、酒店等场所内墙、柱梁装饰、室内隔断等。湖北宝源木业有限公司在 40 毫米以上超厚 OSB 的应用方面进行了大量试验，为 OSB 应用于建筑的承载梁、柱以及高强度的车厢底板等方面提供了可靠的技术保证。

（三）新型无醛胶粘剂更新迭代

木材胶粘剂是指发挥自身内聚、粘接功能，通过粘附力使木材和木材或者其他材质结合在一起的物质。木材加工业是胶粘剂使用量最大的行业，木材胶粘剂用量多少可以用来衡量一个国家或者区域木材加工行业发展状况。

使用木材胶粘剂的制品主要有人造板、地板、集成材、浸渍纸、家具、复合门和木制品等，其中人造板消耗的胶粘剂量最大。

我国劳动人民早在四五千年前就已开始用"胶"粘合木材，是世界上应用粘结技术最早的国家之一。直到 20 世纪 30 年代，才出现了合成胶粘剂。但 20 世纪年 50 代初，主要生产的蛋白质类胶粘剂强度不高，耐水和耐热等性能也较差，阻碍了人造板工业的发展。所以实现木材高校利用必须从研制胶粘剂着手。1955—1957 年研制脲醛树脂和酚醛树脂成功，相继在木材工业中大量应用。1958 年吕时铎在上海开始研发脲醛树脂，1964 年推出中林 64 脲醛树脂胶，之后上海木材一厂在此基础上进行改进推出中林 67。这些脲醛树脂胶都是胶合板用胶，后来用于我国刨花板的开发。

自 20 世纪 70 年代末我国开始开发低甲醛释放脲醛树脂胶粘剂，东北林业大学与中国林业科学研究院于 80 年代初成功开发出 E2 级刨花板用脲醛树脂胶粘剂。80 年代末东北林业大学推出 E1 级刨花板用低毒性脲醛树脂胶，取得了显著经济效益和明显的社会效益。吉林森工露水河刨花板厂于 90 年代末在意大利 E1 级刨花板用脲醛树脂胶基础上，成功开发出 E1 级刨花板用脲醛树脂胶，推动了我国生产 E1 级人造板的发展。

在开发刨花板用脲醛树脂胶的基础上，国内于 80 年代中期开发出日本 F2 级特种无臭胶合板用脲醛树脂胶并推广应用，90 年代后期推出 E1 级胶合板用脲醛树脂胶。

20 世纪 80 年代初，我国开始引进国外技术生产干法中密度纤维板，纤维板的施胶量远大于刨花板和胶合板，生产纤维板时甲醛释放量很难达到标准要求，为此开发干法纤维板用脲醛树脂胶必须考虑其分子量大小和固化剂使用问题，经过不断探索，我国在 90 年代后期开发了 E2 和 E1 级纤维板用脲醛树脂胶。

获得1978年全国科学大会奖的中国林业科学研究院木材工业研究所的孟宪树、易坤杰等人于1956年研制出醇溶性酚醛树脂和胶膜生产工艺，1957年又完成另一种液体酚醛树脂胶，至此生产出航空胶合板。我国在80年代开发出低游离酚、低游离醛中温快速固化酚醛树脂胶。

异氰酸酯类胶粘剂属于非甲醛类的一类结构型胶粘剂，除了环保性能好外，还具有优异的胶接性能。我国在“九五”期间对木材加工用异氰酸酯树脂胶粘剂开展研究，90年代研制出水性高分子——异氰酸酯胶粘剂，在集成材生产中得到广泛应用。20世纪初又开发了以改性淀粉为主剂的水性高分子——异氰酸酯胶粘剂，在环保型细木工板生产企业得到应用。

自20世纪80年代起，为应对石油危机，国外开始了生物质为原料的胶粘剂研究工作。我国在此之后也相继开展这方面的研发工作，从2007年至今，中国林业科学研究院储富祥等人致力于豆粕胶粘剂及其无醛人造板制造关键技术，该成果解决了我国传统木材胶粘剂行业和人造板产业潜在甲醛

无醛板连续平压生产线（范东斌　提供）

释放的突出问题，拓展了生物质木材胶粘剂的应用范围，实现无醛人造板大规模连续化制造，已在衣柜、橱柜、地板基材、高品质儿童玩具等室内装饰材方面得到应用，产生了显著的经济效益，促进人造板产业升级，满足健康居住与绿色消费高品质要求。

（四）复合与重组技术实现小材大用、劣材优用

如何将小材大用、劣材优用？木材科技工作者将目光聚焦在了对木材物理力学性能进行改良和开发研究上。1978 年，朱惠方、孙振鸢等人开始研究将速生杨木通过"塑合木"工艺处理后用于建材、民族乐器等方面，并因此获得 1978 年全国科学大会奖。1996—2002 年，鲍甫成、江泽慧、管宁等人联合多家科研院所，对中国主要人工林树种木材性质及其生物形成与功能性改良进行了系统的研究，先后获得 1998 年国家林业局科学技术进步奖一等奖、1999 年国家科学技术进步奖二等奖、2004 年国家科学技术进步奖二等奖。张久荣、吕建雄等提出"改性三聚氰胺树脂增硬人工林杨木处理技术"和"强化人工林杉木贴面材制造技术"，实现了用人工林速生木材替代天然硬质阔叶材类家具及装饰材料，获得 2007 年梁希林业科学技术二等奖。目前，形成的较为成熟的改良产品分别是重组材和木塑材料。

1. 重组制造木钢与竹钢

木竹重组材是人工林木（竹）材为原材料，经过纤维定向疏解分离后，与树脂复合而成的一种新型的高性能木质复合材料，克服了人工林木材、竹材等生物质材料径级小、材质软、强度低和材质不均等缺陷，具有性能可控、结构可设计、规格可调等特点，是小材大用、劣材优用的有效途径之一。目前已经广泛应用于风电材料、结构材料、户外材料、装潢装饰材料等领域，

具有广泛应用前景。

木竹重组材料得到了社会的高度认可，中国林业科学研究院木材工业研究所完成的"高性能竹基纤维复合材料制造技术与应用"获得了 2015 年度国家科学技术进步奖二等奖，并在 2016 年被国家发展改革委员会列入《国家重点推广节能低碳技术推广目录（2016 年本中的低碳部分）》加以重点推广。新型重组材是我国科研人员在吸收传统重组木和重组竹经验的基础上，自主开发成功的一项新技术。在竹基纤维复合材料成功产业化的基础上，中国林业科学研究院木材工业研究所提出将原木先单板化、再疏解制备重组木单元的技术方案，克服了木材节子、斜纹理等缺陷，成功制成了纤维化木单板，解决了重组木单元制备技术难题，并构建了高性能重组木制造的技术平台，开发出了户外用、家具用、地板用重组木系列产品，目前已实现批量化生产。2020 年，国家发展改革委、科学技术部、工业和信息化部和自然资源部联合发布《绿色技术推广目录》，"高性能木质重组材料制造技术"入选，成为林草行业唯一入选技术。"十四五"期间，预计该技术产能将达到200 万立方米，产值近 200 亿元，增加林农直接收入超过 30 亿元，将形成一个从材料生产、装备制造到下游产品的一个完整产业链。

2. 木塑材料登上奥运殿堂

木塑复合材料是以木本 / 禾本 / 藤本植物及其加工剩余物等可再生生物质资源为主要原料，配混一定比例的高分子聚合物基料及无机填料，通过物理、化学和生物工程等高技术手段，经特殊工艺处理后加工成型的一种可逆性循环利用的多用途新型材料，业内通称为 WPC。其适用范围几乎可涵盖所有原木、塑料、塑钢、铝合金及其他相似复合材料现在的使用领域，是各级政府扶持发展和提倡应用的绿色环保节能材料，是目前生物质合成材料中最为活跃的一个分支。

中国木塑复合材料的研发工作主要以中国林业科学研究院木材工业研究所的研究团队为主，肇始于 20 世纪 90 年代中后期，通过解决木材与塑料界面间的有效耦合界面的关键问题，提高了材料性能并设计了专用挤出设备，提高了生产效率。之后在基础研究、加工技术和设备开发等方面开展了相关工作，取得了重要成果。例如，东北林业大学针对我国废旧塑料资源的特点，研究成功混合废旧塑料的再生改性技术，并成功用于高性能 WPC 的制备。之后，我国科研工作者成功解决了木塑复合材料性能低、生产效率低等问题，并大大提升了材料的应用性能。由于木塑复合材料关键技术得到不断突破和新技术的出现，其产品种类快速增加，应用领域逐步拓宽，形成了我国具有独立知识产权的木塑复合材料技术体系。

自 20 世纪 90 年代末期开始，欧美各国对来自中国的木质包装相继设置限制措施，国内木塑复合材料研发进入一个新的发展时期。在实际研发和

重组木梁柱

（于文吉　提供）

应用中，人们不断地将其转移、延伸到更多领域，由此逐渐形成以填充聚乙烯（PE）、聚丙烯（PP）为主的户外景观产品和以填充聚氯乙烯（PVC）为主的室内装饰产品两大分支。随着参与者的日益增多和市场大门的渐次打开，至 20 世纪初，国内木塑产业雏形已隐隐出现。

2002 年，该材料进入中国科学院《2002 高技术发展报告》；同年，被列入国家科技部"863"项目和国家林业局"948"计划，并为此成立了专项课题组；2001—2006 年，国家发展改革委一直将木塑复合材料列为"国家高技术产业化新材料专项项目"；2005 年 12 月，国家发展改革委首次公布《产业结构调整指导目录（2005 年本）》；2006 年 1 月，国务院发表的《国家中长期科学和技术发展纲要》中，列入优先发展的 68 项主题中，生物质（木塑）复合材料与五个领域的 5 个主题相关联。2006 年 9 月，木塑建筑材料取得通往北京奥运会场馆建设的"通行证"，挟奥运雄风，木塑复合材料终于站到了殿堂级的业界高处。

高强度木塑复合
材料建筑应用
（秦特夫　提供）

十、造就农民致富的金果果

油茶、核桃、香榧等是我国重要的经济林果，营养价值高、保健功能强，栽培效益好，在助力乡村振兴、促进区域经济发展、实施精准扶贫中发挥着重要作用。长期以来，因良种缺乏、繁育困难、结实迟、产量低等问题制约了其产业的快速发展。一批农林业科技工作者针对制约产业发展的瓶颈，创新了优质高产、提质增效的理论和方法，研发了高效快速的育种新技术，创制了一批性状优良的新种质，解决了良种缺乏、繁育困难、产量低、品质差、产品加工水平低下的产业技术瓶颈，从根本上提升了经济林果的产量与品质，增加了产品附加值，增强了国际竞争力，为助力乡村振兴和健康中国等国家战略实施作出了积极贡献。

（一）油茶：东方"橄榄油"

油茶，我国特有的木本油料树种，已有 2300 多年的栽培利用历史，适生于我国长江中下游沿岸及整个长江以南地区。油茶种籽榨取的茶油不饱和脂肪酸含量高达 90% 以上，其中油酸含量 80% 以上，亚油酸含量达 7%～13%，是联合国粮食及农业组织重点推荐的健康型食用油，被誉为东方"橄榄油"。

茶油是我国南方地区传统食用植物油，很受欢迎，但实生油茶产量很低，每亩一般只能产茶油 3～10 千克，严重制约了产业的发展。

1. 油茶良种选育历程

第一代农家品种。20 世纪 60 年代开始，我国林业科研工作者在全国各油茶产区先后开展油茶品种类型调查与分类。在对油茶的分布、种植、生物学特性等进行全面调查的基础上，以提高产量为目的，开展油茶良种化的工作。调查研究侧重于种质资源清查与收集，初步清查出山茶科内可供食用的 30 多个油茶物种，如普通油茶、小果油茶等；先后整理了 160 多个普通油茶地方品种并按果实成熟物候分为'霜降籽''寒露籽''秋分籽''立冬籽'等四个类型，同时通过品种对比试验筛选出了十几个优良农家品种，如'桂林葡萄油茶''湖南衡东大桃''永丰观音桃油茶'等。

第一代良种以农家品种整理和种源群体选育为主，由于选出的良种仍为混杂群体有性良种（种源或家系），虽有一定的遗传增益但存在子代内部变异大，性状不稳定、增益不显著等问题。这些早期良种多收集在全国各地的油茶种质资源收集圃里，为后期的育种工作打下了良好的资源基础。

第二代无性系良种。从 20 世纪 70 年代国家科技攻关计划和国家林业局油茶无性系选育与配套栽培技术项目开始，成立全国油茶协作组，经 20 多年研究，在一代农家品种基础上，选出了第二代油茶优良无性品种。这

葡萄茶（王开良 提供）

油茶长林 40 号丰产
（王开良 提供）

些良种经过全国多点无性系试验，增产幅度大，比第一代农家品种或优良家系产量提高 3 倍以上，是目前应用最广的油茶主导生产良种。

1971 年，中国林业科学研究院首先在浙江安吉南湖林场、长兴小浦林场和武义百花山林场开展选优工作，共选择优树 35 株。1974 年 9 月，全国油茶协作组在湖南永兴县召开了第四届全国油茶科研协作会，制定了五年协作计划，统一在全国各地开展优树选择、优树子代测定和无性系测定工作。依据全国油茶协作组制定的《全国油茶优树选择的标准与方法》，在全国各地选择了林相较好的 10 万亩油茶林进行全面选优，初选优树 11000 多株，经过复选和决选，最后确定了 1000 多株优树，并选择部分优树在全国各地进行了子代和无性系测定。

1976 年 9 月，全国油茶协作组在湖南邵东县黄草坪林场召开了全国油茶优树测定会，制定了"全国油茶优良家系和优良无性系选育标准和方法"，进一步推动了各地优树测定工作，在各地布置了十多处子代和无性系测定林。1986 年，我国第一批进行优树测定的单位率先选鉴出一批优良无性系。1993 年至 21 世纪初，陆续在中心产区选出一批优良无性系。近几年，湖北、

第五届全国油茶科研协作大会于 1979 年 9 月在广西临桂和广东佛岗举行（王开良　提供）

安徽、云南、陕西、海南等新兴产区亦选出了一些优良无性系，迄今为止，全国各地已选育出 400 多个油茶品种，基本实现了良种全产区覆盖。

第三代杂交新品种。进入 21 世纪以来，油茶科研工作在总结前一阶段科研成果的基础上，根据我国油茶产业发展的时代需要，在实施"十一五"科技支撑"油茶产业升级关键技术研究与示范"项目过程中，由国家林业局联合全国 18 个油茶科研管理单位成立全国油茶技术协作组，按不同育种区展开，围绕我国良种

全国油茶实用技术及种苗管理培训（王开良　提供）

应用和种苗生产关键技术问题，开展油茶特异育种种质收集与创新，油茶抗逆及边缘分布区品种选育，油茶良种高效规模化繁育关键技术研究。以培育聚合高产、高抗、高品质等特性为目标，开展第三代、第四代杂交育种，并在全国设立 20 多个油茶全分布区区域试验点。经长期试验研究，选出一批产量高、抗性强、果油率高的杂交新品种，杂交品种比第二代良种产量提高30% 以上。

2. 发明油茶芽苗砧嫁接规模化繁殖技术

油茶优良品种选育出来后，就是如何规模化高质、高效繁育成种苗，推动良种尽快在生产中应用，以加速推进栽培生产的良种化。20 世纪 80 年代，以中国林业科学研究院亚热带林业研究所韩宁林先生为代表的油茶科技人员率先启动了油茶无性扩繁技术研发，发明了"油茶芽苗砧嫁接技术"，

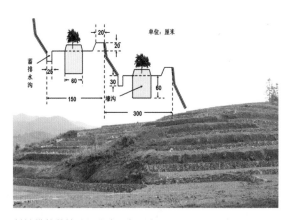

斜坡带状整地（任华东　提供）

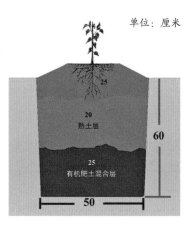

种植穴剖面模式（任华东　提供）

大大提高了繁殖效率与种苗质量，实现了油茶种苗培育从有性到无性的变革。2007年后，科技人员在芽苗砧嫁接技术基础上，从穗条生产、砧种选择、苗砧培养、培育基质、过程管理、容器培育等方面进行了全方位的完善研究，进一步熟化、优化了技术，应用面快速放大，全国种苗繁育数量从每年几百万株提高至每年繁育五六亿株。油茶芽砧嫁接技术的发明与应用将苗木培育时间缩短为原来的1/6，嫁接穗条产量提高5倍，流水线作业油茶芽

油茶芽苗砧嫁接
（王开良　提供）

油茶杂交子代
（王开良　提供）

苗砧嫁接速度提高 3 倍，油茶芽苗砧嫁接技术在经济植物繁殖领域处国际领先地位。

在油茶良种选育与繁殖技术的研究过程中，中国林业科学研究院亚热带林业研究所出版了《中国油茶》《中国油茶品种志》《中国油茶遗传资源》等专著，制定了油茶良种选育和种苗繁育等标准。"油茶高产品种选育与丰产栽培技术及推广"成果获国家科学技术进步奖二等奖。

经过科研人员 50 多年的研究，油茶产量提高了 5～10 倍，高产油茶林每亩可产茶油 40 千克以上，每千克价格在 100 元以上，综合利用效益亩产值达到 4000 元。我国现有油茶 6800 万亩，其中，新造林 2300 万亩，年产茶油 61 万吨，油茶产业总产值达 1162 亿元。油茶产业为脱贫攻坚和乡村振兴作出了重要贡献。

油茶"抱子怀胎"
（王开良 提供）

油茶
（王开良 提供）

（二）核桃：农民的"幸福树"

胡桃科共 9 属约 70 种植物，广泛分布于全世界除非洲以外的温带和亚热带区域。其中的许多种都具有重要的经济价值及药用价值等。尤其以核桃属和山核桃属的物种栽培利用最多，这两个属中的大多数物种坚果风味独特、营养丰富，核仁油脂含量高达 65%～70%，居所有木本油料之首。另外，核桃科的木材材性优良，例如，黑胡桃被公认为是最高档次的硬木木材。据联合国粮食及农业组织统计，截全 2018 年，全世界生产核桃的国家有 59 个，收获面积达 155 万公顷。其中，中国、美国、伊朗、土耳其、墨西哥、乌克兰、智利、罗马尼亚和法国等国家的核桃产量名列前茅，中国核桃产量 382 万吨，种植面积和总产量均居世界首位，第一产业产值 760 亿元。

一直以来，我国就被认为是核桃起源和分布中心之一，资源极为丰富，其分布范围广，遗传类型多样。原产于我国的核桃属植物主要有 5 个种 1 个变种，其中，栽培最多的是核桃和泡核桃。核桃在新疆沙漠绿洲区、黄土丘陵区、秦巴山区、东

核桃等难生根树种扦插繁殖技术（马庆国　提供）

部近海区和燕山丘陵区均有分布，泡核桃主要分布在西南地区（云贵高原、四川西部、西藏西南部地区最为集中），山核桃和薄壳山核桃在云南东南部到浙江的狭长区域，以及我国大部分地理气候条件与之相似的立地均可种植。目前，经国家审（认）定的核桃优良品种有 400 余个，优良无性系、优良单株、实生农家类型、特异种质资源等多达 1500 多个。

核桃良种选育是实现优质丰产的重要途径之一。我国的核桃种植虽有 3000 多年历史，但长期以来由于核桃良种缺乏、无性繁殖困难，种植业基本处于半野生状况，直到 1980 年年产量一直处于缓慢增长状态。

攻克关键技术，培育急需良种。我国核桃杂交育种工作始于 20 世纪 60 年代中后期，"七五"期间，中国林业科学研究院牵头，联合国内 8 家科研单位，选育出深受老百姓喜爱的 16 个早实核桃良种，这项成果获得了 1990 年林业部科学技术进步奖一等奖、国家科学技术进步奖二等奖。在核桃远缘杂交方面，中国林业科学研究院率先攻克了核桃远缘杂交育种壁垒，建立了以东部黑核桃、魁核桃、北加州黑核桃和核桃为育种亲本的核桃属远缘杂交育种体系，育成了'中宁盛''中宁异''中宁强'和'中宁奇'等首批种间杂交无性系砧木良种。云南省林业科学院（现云南省林业和草原科学院）率先开展核桃和泡核桃种间杂交育种工作，育成'云新系列'等坚果外形美观的早实类型品种，在云南地区有较大面积的种植。目前，据不完全统计，在生产中使用的核桃国审良种 14 个，省级审（认）定良种约 239 个。良种的推广和应用有力支撑了国家核桃产业发展。

现代分子生物学技术为核桃育种插上翅膀。核桃是童期较长的木本植物，即使是早实类型，通过杂交得到的 F1 代仍需 4 年以上的时间才能观察到较为稳定的坚果性状，这导致核桃杂交育种周期过长、成本过高。近年来，随

核桃无性系砧木示范
园（张俊佩 提供）

着分子研究技术日新月异的发展，核桃分子辅助育种基础研究团队和力量不断扩充，各类研究成果不断涌出。继 2016 年美国发布'Chandler'基因组草图以来，中国林业科学研究院以西藏核桃新品种'中牧查一'为试验材料构建了染色体级别的高质量基因组序列图谱，同时基于种间杂交 F1 代群体开展大规模重测序研究，开发了可以利用低深度覆盖的测序数据，构建高质量的基因型图谱并进行基因定位的新策略，部分参与调控重要经济性状的基因也得以鉴定和克隆，为进一步开展核桃分子辅助育种工作奠定了良好的基础。

在 20 世纪 90 年代之前，在我国云南等泡核桃产区，良种苗木繁育以"双舌接"的枝接方式为主，而北方核桃地区苗木繁殖则以实生播种方式为主，导致苗木整齐度差，直接影响了核桃产业的经济效益。20 世纪 60 年代，林业部正式立项开展核桃嫁接技术研究，主要研究"双舌接"等枝接方法。但由于髓心较大等核桃自身的特性，核桃的硬枝嫁接方法工序复杂、难度大、成本高，且嫁接成活率不稳定；核桃芽接方法研究起步较晚，直到 20 世纪 90 年代后期核桃"大方块芽接"技术的出现，核桃芽接技术才得以突破，极大提高了嫁接成活率。目前核桃生产中，90% 以上的苗木多由芽接法繁育，这一技术突破，极大地促进了核桃良种推广速度。

我国选育的首批 16 个早实核桃品种，因具有早结实、早丰产以及坚果个大、品质好等特点，成为我国北方产区的主栽品种，深受种植者青睐。然而，由于早结实和连续丰产的生物学特性所带来的核桃树体营养生长减缓，进而造成早衰、病虫害严重等问题，又成为困扰制约核桃产业发展的瓶颈。在不更换品种的条件下，除加强栽培管理措施强健树体之外，选用生长旺盛、亲和力高的砧木可以部分弥补品种接穗由于过度结果导致长势衰弱的缺陷，同时还可以延长盛果期时间。因此，选育优良的无性系砧木，实现核桃的整株无性系化是核桃优质高效生产的重要趋势和必经之路。中国林业科学研究

万亩核桃品种山地示范园（马庆国 提供）

院裴东等尝试从扦插材料状态、植物生长调节剂种类和处理时间以及扦插基质等方面进行研究，成功总结出简单、高效、经济的核桃属植物嫩枝扦插繁殖方法，使核桃和泡核桃品种的生根率提高到 90% 以上。这对于推进我国核桃产业的良种化和现代化具有十分重要的意义，关键技术形成的成果"核桃增产潜势技术创新体系"获 2011 年国家科学技术进步奖二等奖。

在科技工作者的不断努力下，我国核桃科研和产业发展迅速，除了获得一批具有自主知识产权的优良品种外，核桃栽培管理技术也取得重要进步，解决了核桃无性繁殖的难题，相继制定颁布了国家标准《核桃坚果质量等级》（GB/T 20398—2006）、林业行业标准《核桃优良品种育苗技术规程》（LY/T 1883—2010）及《核桃优良品种丰产栽培管理技术规程》（LY/T 1884—2010），以及一系列地方标准，极大地推动了我国核桃产业由粗放经营向集约经营栽培方向转变。特别是首个《核桃标准综合体》（LY/T

种类丰富的核桃产品（张俊佩　提供）

3004—2018）的制定颁布实施，标志着我国核桃产业集约化栽培、标准化生产跨入了一个崭新历史时期。

2018 年我国核桃种植面积超过了 1 亿亩，总产量达 382 万吨，位居世界首位。云贵高原区、秦巴山区、新疆沙漠绿洲区、黄土丘陵区及华北干旱丘陵区等核桃主产省份分别建立了各具特色的名特优生产基地，核桃产业带初步形成。在政府推动和科技引领下，核桃产业链不断延长，近年来涌现出像六个核桃、三只松鼠、洽洽等一批核桃产品的加工企业，极大地拉动了核桃产业发展，我国核桃产业正呈现出一片繁荣发展景象。核桃产业已经在山区农民脱贫致富和乡村振兴计划中发挥了重要作用，成为了践行"两山论"的生动样本，核桃树也成为了农民的致富树、小康树、幸福树。

（三）香榧：千年致富珍果

香榧是我国最具特色的珍稀干果，又有"中国榧"的别称。香榧营养价值高、经济寿命长、栽培效益好，成年林亩产值高达 2 万元，是产区人民的"摇钱树"，在山区农民脱贫致富、农村经济发展中起到重要作用，被《全国优势特色经济林发展布局规划（2013—2020 年）》列为南方山区发展首选推荐树种之一。香榧栽培有千年以上历史，但种植区域一直局限在以会稽山脉为中心的浙江省 5 县市，素有"榧离娘窠不结果"之说。良种缺乏、繁育困难、结实迟、产量低、品质差等问题严重制约了香榧产业的快速发展。以浙江农林大学香榧团队为代表的几代农林科技工作者通过几十年如一日的坚持和付出，全身心投入香榧良种选育、突破造林技术、提高造林成活率、提早结实年龄、提升后熟加工产品品质等的研究，从根本上解决了制约香榧产业发展的瓶颈问题。

1. 选育出优质高效良种，填补了国内品种空白

香榧栽培历史悠久，但香榧起源不一，群体中结实能力、品质差异大。研究初始,产业良种缺、品种化程度低等问题突出。为了选育一个优良的品种，1994 年，浙江林学院组织了一支由师生共同组成近 50 人的选育队伍，深入产区，和农户吃住一起，白天实地采样，晚上组织座谈会，踏遍主产区的山山水水，广泛了解资源的丰产性、特殊性和品质性状，筛选了大量的优质资源，制定了基于种形数据和叶形数据选育良种的科学策略。在近 30 年的时间中，经过三代人的共同努力，共收集到 313 个雌性单株实生榧树种质资源，126 个丰产稳产或具有特殊性状的香榧种质资源，95 个雄性单株榧树种质，营建了资源最丰富的种质基因库，选育了香榧新品种 10 个，单果重、油脂含量的遗传增益分别超过 31.80%、28.64%，结束了香榧栽培没有良种的历史。在浙江、安徽、江西、贵州等地建立 7 个品种对比试验示范区，总面积 150 亩以上,建立良种采穗圃 530 亩,生产香榧良种接穗 800 余万个。

选育的部分香榧良种（喻卫武　提供）

2. 攻克了嫁接技术难题，实现了良种规模化繁殖

千年的栽培历史，如此高效益的一个树种为什么仅局限在 5 县市种植？带着问题，科研人员在组织产业调研中，得到了答案：传统的香榧育苗造林

技术，普遍存在种子发芽率低，嫁接费时费工，嫁接时间短，造林成活率、保存率低，栽种后缓苗期长、生长慢、投产迟等系列问题，严重制约了香榧产业走出"娘窠"。在研究中，科研人员发明了保湿、透气、增温为核心的双层拱棚催芽技术，使香榧种子当年发芽率提高至80%以上；针对香榧皮层细胞厚，薄壁细胞丰富，研发了香榧贴枝接周年嫁接技术，结合接后管理技术，使得香榧嫁接成活率由不到50%提高到95.7%，嫁接时间延长6个月，嫁接工效提高20%以上；以物种生物学和生态学特性研究为基础，集成了大苗带土、秋冬季造林、适量修剪、大穴浅栽、及时遮阴、叶面补肥等提高造林成活率的关键技术，使造林成活率从不到50%提高到95%，缓苗期缩短半年以上，丰产树形构建明显改善，结束了香榧造林成活率低、年年造林不成林的历史。在浙江、安徽、江西、贵州等地建良种繁育示范基地7个，各围地面积230亩；繁育各类苗木900万株，推广良种苗造林30万亩，年嫁接量100万株以上。

香榧贴枝嫁接（喻卫武　提供）　　香榧周年嫁接成活率（喻卫武　提供）

3. 破解了授粉关键技术，实现了挂果率大幅提高

香榧雌雄异株，雄花属风媒花。新造林雄株低矮，散粉面窄；雌株花芽为混合花芽，开花时间迟早不一；晴热天气，雄花散粉快、花期短，一般都需要通过人工辅助授粉，以提高坐果率。为了雌雄花的一次完美相遇，香榧专家组专家于2001—2003年间，连续在山上蹲点，观察香榧开花授粉的习性，不断地采样测定每个球花的纵横径，计算球花形指数和花粉出粉率，观察香榧雌雄花芽分化进程。经过长期的观察和试验，明确香榧雌花有等待授粉习性，在雌花珠孔处出现圆珠状的传粉滴（俗称性水，即性成熟）后的第5~7天是最佳授粉期；授粉期温度对授粉效果影响大，适宜温度为25℃；采集的花粉必须在低温干燥条件下进行贮藏。研究也发现雄花单株间在花期、花粉生活力、授粉坐果率存在差异，花粉对香榧果有明显的直感现象。经过长期的研究和筛选，选育了花期早、中、晚不一，花粉生活力高并具有良好花粉生活力的雄株优良无性系5个，确定雌雄树的配置比例为100：（2~3）。

香榧的传粉滴（左）及科技工作者观察香榧传粉滴（右）（喻卫武 提供）

4. 突破了以营养调控为核心的栽培技术，实现了早实丰产

香榧栽培效益好，管理上，农户常用大肥大水来促进树体生长。但由于缺乏配套的树体管理及林地营养管理技术支撑，多数林分均有光长树不结果的营养生长和生殖生长失衡的现象。为从源头上解决早实丰产的产业问题，科研人员针对香榧的合理树形、适宜营养芽和混合芽比例、混合芽分布规律、不同冠层花芽数量以及光合特性开展研究，筛选了开心形、疏散分层形丰产树冠，明确了丰产树混合芽和营养芽平衡点，总结了前促后控的树形管理技术，编制了香榧整形修剪技术手册。构建了香榧的丰产树形，实现了香榧造林 4 年开始结果，比传统栽培提早结果 4 年以上；针对旺长树实施的树形控制措施，可以使部分营养失衡树结果量提高 5 ~ 10 倍。根据养分需求特性，科研人员研究了主要矿质营养元素的动态变化规律、养分需求特性和施肥临界期，研发出专家施肥系统，提出了配方施肥方案，集成了生态高效培育技术体系，克服了结实大小年现象，平均亩产增加 30% 以上。在浙江、安徽、江西、贵州建立千亩以上示范基地 8 个，辐射推广高效生态栽培技术 40 万亩。

香榧丰产树形（喻卫武　提供）

香榧丰产示范林（喻卫武　提供）

5. 创新了采收与后熟处理技术，实现了产品质量跨越式提高

香榧种仁内含单宁，必须通过后熟处理才能食用，这个过程称为香榧的后熟。传统生产上的香榧后熟堆沤，是先将香榧摊放脱蒲后，再将不经清洗的"毛榧"堆放与室内泥地上，厚度约30厘米，上覆假种皮或湿稻草，堆沤30天左右，温度保持30~35℃，堆沤期间常将种核上下翻转2~3次，直至种衣（内种皮）颜色由紫红转黑褐色，则认为后熟完成。这个二次堆沤过程堆沤时间长、占地面积大、种壳精油残留多，种仁容易山现精油含量过高、榧臭味严重的问题。科研人员通过多年的研究，解析了香榧堆制后熟中营养物质转化、香气合成和涩味形成与脱除机制，创新性提出了香榧完熟采收和一次堆制新技术，研发了香榧种衣脱涩新方法，缩短了堆沤时间，研制出定湿定温堆制后熟处理设备，大大提升了香榧加工原材料的品质。

香榧智能处理库（喻卫武　提供）

另外，香榧的加工工艺落后、加工产品单一，尤其缺乏标准化的加工工艺技术和数字化的加工设备，无法适应香榧产业快速发展的步伐。科研人员研究了影响香榧炒制品质的内外因子及其香味发生的机理，构建了加工品质

评价指标体系，建立了香榧标准化炒制加工工艺新技术，开发了电热温控炒制机械、香榧脱衣机械等香榧加工设备，提升了产品品质；研发了开口香榧、膨化香榧、脱衣香榧仁等特色食品，开发了香榧精油面膜、眼霜等系列高附加值产品。在浙江、安徽、江西、湖北建立加工示范基地 8 个，年加工能力超过 2500 吨。

脱衣香榧仁　　　　　精油　　　　面膜

香榧产品（喻卫武　提供）

随着香榧产业技术难题的攻克和突破，浙江农林大学香榧团队取得了一系列成果，出版了《中国香榧》《浙江省特色干果香榧整形修剪技术手册》等专著，编制了《香榧育苗技术规程》《香榧籽质量法》等标准 4 项，授权国家发明专利 6 件，审（认）定林木良种 10 个，发表学术论文 100 多篇，其中 SCI 收录 50 多篇。"香榧良种选育及高效栽培关键技术研究与推广"获浙江省科学技术进步奖一等奖，以香榧为主要内容的"南方特色干果良种选育与高效培育关键技术"获国家科学技术进步奖二等奖，获批了国家林业和草原局香榧工程技术中心和香榧产业国家创新联盟理事长单位。

相关研发成果在浙江、安徽、江苏等南方 7 省份得到了广泛应用推广，全国已种植香榧总面积超过 150 万亩，年产量超过了万吨，年产值超 30 亿

香榧后熟技术现场指导（喻卫武　提供）

元。香榧团队多次赴四川、云南、贵州各地进行科技帮扶，联合共建干果产业国家科技特派员创业链，有效带动西部农村脱贫致富，产生了显著的经济、社会和生态效益，形成了"养她十年、还你千年"的美丽致富神话。浙江农林大学香榧团队被《人民日报》、中央电视台等多家中央媒体集中报道，被誉为"最美科技人员"，获全国科技助力精准扶贫先进团队等荣誉。

香榧人工授粉技术　　　香榧嫁接技术　　　香榧采收与后熟
（宋丽丽　提供）　　（宋丽丽　提供）　　（宋丽丽　提供）

十一、屡建奇功的炭材料

碳是宇宙演化和生物进化中的关键元素，在地壳中的丰度列第 14 位，其中 90% 以石灰石（$CaCO_3$）形式存在。地球上的所有生物体的主要组成都是含碳物质，所以地球生命也被称之为"碳基生命"。一句话，没有碳以及其化合物，就没有鲜活的生命和多彩的世界。已被人们研究过的含碳物质有近百万种，远多于其他所有元素的化合物的总和（约 3 万种）。

（一）从无到有，规模不断扩大

活性炭主要分为木质活性炭和煤质活性炭。煤质活性炭主要由煤炭、沥青等化石原料经炭化、活化加工而成。木质活性炭由木竹、果壳等生物质原料经过炭化、活化等工艺制成的外观呈黑色、内部孔隙结构发达、比表面积大、表面化学基团丰富、吸附能力强的一类微晶质炭。活性炭是目前使用最广泛的材料，在环保、新能源、化工、食品、医药、军事、化学防护等各个领域不可或缺，常用于水质和空气净化、防毒面具、食品饮料脱色除臭、医用血液净化、肾透析、化工催化剂、土壤改良剂等应用领域。制备木质活性炭的原料主要有木竹加工剩余物、椰壳、果壳、果核、棉秆、木质素等。

中国从 1933 年开始研究活性炭的生产工艺，1949 年在沈阳东北制药总厂建设第一台物理法多管炉，1957 年在上海新中国化工厂建成第一座氯化锌法活性炭生产车间，1960 年在太原新华化工厂（908 厂）建成斯列普炉，1981 年 10 月，在重庆召开第一次全国活性炭学术讨论会，活性炭产量首次超过 1 万吨，90 年代得到迅速发展，产量达 6 万吨，到 2016 年中国活性

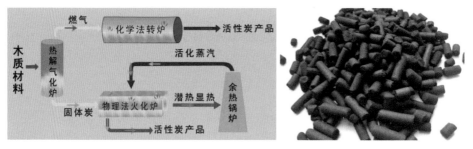

活性炭生产（孙康　提供）

炭产量 60 余万吨，占世界产量 1/3，已成为世界最大的活性炭生产国和出口国。

（二）攻坚克难，工程化水平不断提升

2002 年开始，中国林业科学研究院林产化学工业研究所蒋剑春院士团队先后突破了高吸附性木质颗粒活性炭、变压吸附制氢专用活性炭、流态化活化制备物理法活性炭等关键技术，并于 2009 年获得国家科学技术进步奖二等奖。"十二五"至"十三五"期间，团队研究突破了木质活性炭绿色

蒋剑春院士指导
活性炭指标分析
（孙康　提供）

制备关键技术，开发出热炭联产、热解自活化、磷酸法绿色活化以及梯级活化正压反应炉等技术装备，建立了世界最大规模生物燃气供热的活性炭生产线，研制出超级电容活性炭、碳基催化剂、VOCs 吸附用木质活性炭等新产品，获得 2019 年度梁希林业科学技术进步奖一等奖。

开发了低残留率 VOCs 回收木质颗粒活性炭制造技术，突破了木质原料低分子化致密成型技术和中孔定向发展技术，创制出高强度、中大孔结构发达、VOCs 脱附低残留率的木质颗粒活性炭。并建立了千吨级连续化生产线，该技术显著提高了我国高性能 VOCs 木质颗粒活性炭的研制与生产技术水平。创制的汽车燃油挥发控制用活性炭性能优于美国同类产品，国内市场占有率超过 40%。

活性炭生产转炉（孙康　提供）

创新了木质原料梯级反应调控制备大容量储能活性炭关键技术，替代传统 KOH 活化法，创制出大容量长寿命储能活性炭，质量达到国际同类产品水平，建立了 500 吨级生产线，实现了超级电容活性炭的高效绿色生产，对我国高端储能活性炭产业绿色发展具有良好推动作用，促进了活性炭行业的技术进步，总体技术达到国内领先。

发明了无需外加活化剂的热解自活化制造活性炭新方法，并创新了催化热解自活化调控活性炭介孔结构新技术，建立了千吨级示范生产线，生产出高微孔率活性炭、碳基催化剂等功能性活性炭，该技术达到国际先进水平。其中，创制的醋酸乙烯合成活性炭催化剂性能超过德国巴斯夫同类产品，对我国活性炭制备理论的革新以及绿色生产技术的创新具有重要意义。

突破了木质原料磷酸法绿色制造高性能活性炭关键技术，建立了万吨级磷酸法活性炭生产线，实现了高性能磷酸活性炭的绿色清洁生产，技术突破了制约磷酸活化法生产的技术瓶颈，达到国际先进水平，对我国活性炭行业的绿色发展具有重要的推动作用。

（三）功能不断发展，应用领域广阔

1. 抗击新冠疫情

注射剂药品生产过程的脱色、精制必须使用氯化锌法活性炭产品。新冠疫情高发期间，注射剂药品短缺，对活性炭需求量增大，全国氯化锌法活性炭制造企业未停工一天，全负荷生产，将新冠疫情急需物资运往各大药厂，保障了大输液等注射剂药品的生产和供应，在我国打赢"疫情"防控战争中立下了功劳。

医药用活性炭（左）、新冠防护口罩（中）和用活性炭精制的注射剂（右）（孙康　提供）

2. 污染水源应急救援

活性炭用于水体污染应急治理，例如，2005 年的松花江污染、2007 年的太湖污染到 2008 年的四川地震、唐家山堰塞湖水污染等重大事故的救治中最终采用了活性炭净化处理。我国已将活性炭列为应急救援战略储备物质，在保障水源安全方面，功不可没。

自来水厂投加净水用活性炭（孙康 提供）

3. 为打赢"蓝天保卫战"护航

有机溶剂在工业生产中被广泛应用，但大量无节制的排放不仅会推高生产成本，还会污染环境。活性炭表面惰性化处理后，可对高浓度有机气体进行回收。对于低浓度有机废气，可使用负载金属催化剂的活性炭，在吸附过程将有机溶剂催化降解为二氧化碳和水。

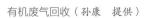

有机废气回收（孙康 提供）

活性炭吸附脱硫、脱硝、脱汞是燃煤烟气干法净化技术的发展趋势，逐步替代传统的湿法脱硫脱硝工艺，尤其适用于缺水地区。

烟气吸附脱硫脱硝（孙康　提供）

4. 助力打赢"芯片"战

电子信息产业已成为当今全球规模最大、发展最迅猛的产业。而高纯硅是电子工业的核心材料，5G 手机、数据中心、汽车电子等带来的核心驱动力，使得硅片的国产化不可或缺。木炭电阻率大、灰分低、化学活性好，是工业硅冶炼最理想的还原剂，我国仅云南省工业硅行业用木炭超过 100 万吨 / 年。

木炭还原剂（左）、工业硅冶炼（中）和硅（右）（孙康　提供）

5. 能源气体存储

天然气和氢气作为燃料的主要缺点是体积能量密度太低。要使能源气体储存在罐里，压力要达到 20 兆帕（必需四级压缩）。在储罐中放置活性炭，在温度为 77 开尔文和压力 1 兆帕条件下，储氢量可达 5% 左右；在常温和 2 兆帕压力下，储甲烷可达 15%（重量比）。

吸附储氢气、甲烷（孙康 提供）

6. 土壤修复与改良

活性炭可应用于改良土壤、提高地温、增加土地水容量、改善透气性、缓释农药和肥料，进而达到增加农业产量的目的。同时，活性炭也应用于受到重金属和有机物污染的土壤修复。

农业土壤修复（孙康 提供）

7. 医疗救治显身手

以活性炭作为吸附剂的血液灌流技术是在 20 世纪 70 年代发展起来的吸附型血液净化疗法。它采用体外循环方式，利用经过高分子膜包裹的活性炭对病人血液中的毒性或过剩物质进行吸附，是活性炭作为吸附剂之一在医

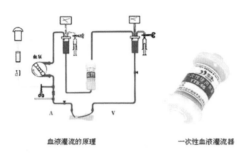

血液净化用活性炭（孙康　提供）

学上的典型应用。此类活性炭需用具有生物相容性的亲水凝胶、高分子材料对活性炭进行包膜处理。

　　服用活性炭可通过物理排毒辅助治疗肝脏和肾脏疾病；芬兰首选口服活性炭治疗乙醇和甲醇性中毒患者；俄罗斯，已经允许给儿童服用活性炭用于治疗腹泻，中毒等临床治疗；我国香港，活性炭已成为食物中毒患者急诊治疗的首选，石家庄制药生产的活性炭片用于腹泻的治理。

解毒活性炭（孙康　提供）

碳材料生产展示
（孙康　提供）

十二、铁甲神兵降火魔

森林火灾是世界最为严重的自然灾害和突发公共事件之一。高强度大面积森林火灾发生后，森林很难恢复原貌，森林生态功能遭受严重破坏，同时森林火灾还产生大量烟雾造成空气污染。全世界每年由于森林火灾都会导致上千人死亡，造成的财产损失更是难以计数。我国地域辽阔，地形复杂，气候多样，森林类型与分布各异，是森林火灾发生十分严重的国家。

森林中所有有机物质均属于可燃物，如树叶、树枝、树干、树根、枯枝落叶，林下草本植物、苔藓、地衣、腐殖质和泥炭等均可燃烧。细小可燃物如枯草、枯枝落叶等属于易燃物，最危险，又称为引火物。针叶树和桉树等因枝叶富含油脂，燃烧强度大，且易发生树冠火、火旋风等高致灾林火行为。可燃物是燃烧三要素中唯一可人为控制的因子，从总体上降低可燃物的数量和燃烧性是防控火灾的重要措施之一。气象因子是受气候条件决定的，它直接影响可燃物的湿度变化和林火发生的可能性。最直接的气象因子有降水、空气温度、空气湿度、风。

2010年偃松林重度火烧迹地（左）及被大部分根被烧断的落叶松（右）（赵凤君　提供）

（一）生物工程防火

1986 年全国第一次森林消防专业委员会上，我国森林防火专家根据国外经验和我国的特点提出的一种新的森林防火技术措施——生物工程防火。

生物工程防火是利用生物特性、生物工程建设、营林措施等，调节森林组成和结构以减少森林可燃物数量、降低森林燃烧性、增强林分抗火性、加强森林阻隔林火的能力。生物工程防火是森林防火网络化、综合化、自控化的基础，不但不会破坏生态环境，而且还能维护生态平衡，调节森林群落结构，更好地发挥森林的有益效能，增强森林对不利因素的抵抗能力。

生物工程防火是结合营林工作同时进行的。这就有利于开展森林立体经营、多种经营和综合经营，使森林经营水平迅速提高。生物工程防火的实施首先需研究各种森林类型的燃烧性和火行为特点，将森林划分为不同的可燃物类型，如极易燃、易燃、可燃、不燃、难燃等。易燃和极易燃的森林引进一些不燃或难燃树种，调节混交比，降低森林燃烧性；引种难燃灌木，改善易燃林分结构，增强林分难燃性；引种耐火植物，提高林分抗火性。

通过综合营林措施的开展降低林分的燃烧性。如在林中空地造林，既增加森林覆被率，提高土地生产力，同时又降低林地易燃性；对人工林及时进行整枝，可以大大降低林分燃烧性。对林分进行抚育采伐和卫生伐，及时清除林内可燃物，既改善森林环境，又促进林分生长，大大增强林分抗火性。

利用生物特性减少森林可燃物数量。如在针叶林中引种软阔叶树，其枯枝落叶的分解比原来的单纯针叶树枯枝落叶的分解要快得多。此外，利用菌类（如木耳、蘑菇）的大量繁殖，可降低可燃物积累，利用微生物和低等动物，也可降低可燃物积累；增强林分的抗火性。

营造防火林带和防火灌木林带，以及耐火植物林带等。我国对防火树种的选择、营造技术等进行了广泛研究，并开展了林带点烧试验，取得较好效果，走在世界前头。特别是在我国南方部分地区，生物防火林带研究取得了良好效果，品性优良的防火树种主要有木荷和火力楠、大叶相思、乌墨、油茶等；在风景区还可采用冬青、构骨、青冈栎、石栎、珊瑚树、杨梅、桂花、海桐、十大功劳等，有些果树如柑橘也可作为防火树种。我国北方采用的树种有落叶松、椴树、杨树、水曲柳、槭树等；灌木树种有山梅花、刺无加、接骨木、醋栗等。

广西生物防火林带针叶林交界处（赵凤君 提供）　广西生物防火林带林下状况（赵凤君 提供）

（二）森林火险天气预测预报

林火险天气是指利于火发生和火蔓延的天气状况。火险天气预报始于 20 世纪 20 年代，在世界各国发展很快。我国的火险天气预报工作也取得了很大成绩，1992 年 12 月 1 日颁布实施了全国森林火险区划等级，1995 年 12 月 1 日颁布实施了全国森林火险天气等级标准。1958 年研制了火险天气预报"双指标法"，70 年代和 80 年代各林区研制的火险天气预报方法有 10 多种。截止到 2004 年年底，各省份都依据本地区的气候、植被特点制定了适合于本地的森林火险天气等级预报系统。

森林火险的预测预报按预测时间长短可分为短、中、长期预报。短期预报时间为 2 天以内，输入的气象因子为当日的实测值或次日的预报值。由于当前天气形势的数值预报产品准确率较高，因此火险等级的短期预报准确度较高。绝大多数林火预测模型都用于短期火险的预报。中期预报和长期预报的预测时间分别为 3~10 天和 10 天以上。由于天气形势复杂多变，中、长期预报工作的难度远大于短期预报，且相对于短期预报精度较低，但此项工作却具有重要的实际意义，可用于指导中、长期的林火管理林火管理、计划烧除和年度规划等。

大气环流输送能量、水分和动量，改变火区气象条件和可燃物湿度，是火灾发生的原始驱动力，且当前基于模式预报的大气环流长期预报已取得较高的预报精度。中国林业科学研究院科研人员基于对大气环流与火灾数据相关性深入挖掘的基础上，提出了应用大气环流进行中长期火险趋势预报的新途径，在月、季尺度上取得了较好的预报效果。

（三）林火卫星遥感预警监测技术

为减少森林火灾的损失，世界各国都非常重视林火监测工作，经科学家的不懈努力，林火监测技术日新月异。卫星监测具有覆盖面积大、时效性高、连续性强等优点，不仅可对林区的森林资源及火情等进行日常宏观监测，而且还可对森林火险因子、森林火灾的燃烧状况、火灾损失及灾后森林植被恢复等进行长期连续跟踪监测，从而为森林火灾的预防扑救和灾后恢复重建等决策工作提供科技支撑。中国相继在北京、昆明、乌鲁木齐和哈尔滨建立了卫星林火监测站，实现了利用中国风云气象卫星（FY）、美国的

东北地区春季计划烧除前（左）和临近结束时（右）状况（赵凤君 提供）

NOAA 系列和 EOS 系列等卫星对全国森林火灾的监测，林火识别准确率达到 90% 以上；卫星已成为当今全国火情日常监测业务的一种重要技术手段。

（1）可燃物参数估测。随着遥感技术的发展，科学家们建立了用 NOAA/AVHRR、MODIS 等卫星数据获得植被绿度、森林可燃物类型、可燃物湿度、植被指数、地表温度、雪覆盖等火险预报参数信息技术，为开展全国每日森林火险发生等级预报提供了可行技术手段。

（2）烟区识别。森林草原等植被在燃烧过程中，会因植被自身水分的蒸发形成大量的烟。浓烟不仅会遮挡火场燃烧现状，致使利用卫星影像检测着火点时发生漏判的现象；浓烟还常会形成烟区（包括烟羽和烟团），从而为人们根据其在卫星影像上的分布状况（如位置、范围和形状）来判定火场的位置和火蔓延趋势提供了条件。如果能从光学卫星影像上及时发现森林草原等植被燃烧释放烟的分布状况，从而提前做出预警和防备，将有助于预防森林草原火灾发生，从而降低发生重特大森林草原火灾的可能性。

（3）着火点检测。热异常是森林草原等植被燃烧的另一典型特征。利用卫星遥感搭载的热红外传感器对地表热异常敏感的特性，可以检测出比卫星空间分辨率远小的着火点，如利用星下点空间分辨率为 1.1 公里 × 1.1 公里的 AVHRR 数据，可检测出面积为 0.1 公顷的林火。

经过近 20 多年的技术攻关和应用系统建设，我国研究形成了适用于不同卫星遥感数据的火情监测应用方法和技术系统，并开展了全国及周边区域的火情监测应用服务。同时，中国国家森林防火指挥部卫星林火监测系统从 1995 年建立运行以来，已从仅利用 NOAA/AVHRR 影像发展到综合应用 NOAA、FY 和 MODIS 等卫星影像，已成为日常全国火情监测的主要技术设施，并为森林火灾指挥扑救及时提供了技术支撑。

（4）森林大火燃烧动态监测。森林大火燃烧动态卫星监测是指在重特大森林火灾发生过程中，通过利用中高空间分辨率（优于 100 米）的卫星影像提取森林火灾的火线轮廓参数（位置、长度、面积等），实现对火场燃烧动态的监测。在森林草原大火发生中，利用卫星遥感技术准时定量监测森林火灾燃烧状态，对于及时准确了解火场燃烧现状、对于科学制定预防扑救决策等均具有重要的实用价值。

当森林草原火灾、尤其是重特大森林草原火灾发生过程中，由于受火场地形、植被、风向等影响，常常形成多个火线同时向不同方向蔓延扩散的现象，在中高空间分辨率卫星影像上则表现出多个分散的燃烧区域，如果要准确从卫星影像中勾绘出这些正在燃烧区域，通常比较繁琐。中国林业科学研究院科研人员研究了火线轮廓定量提取方法，随着 GF-4 卫星的升空运行，目前该技术已成功应用于 GF-4 PMI 数据定量提取森林大火火线轮廓参数。

（四）地面扑火机具

地面森林防火机具主要包括用于森林消防的各种车辆和一些手动扑火机具。

森林消防车。森林消防车辆大都以军用车、工程车或普通车辆为基础改装而成，分为轮式和履带式两种。我国由于林区道路网格密度小，而且路况较差，对车辆的越野性能要求高。1987 年"5.6"大火后，我国主要在大兴安岭地区装配了森林消防车，包括雪地沼泽运兵车、履带式森林消防车、全道路运兵车、804 坦克运兵车和 531 坦克运兵车等改装车辆，这些改造研制的森林消防车在扑火过程中发挥了巨大威力。但由于购置年代不同，型号不统一，性能上存在较大差异，还不能满足扑救森林火灾需要。目前，我国军工企业生产的适用于森林防火需要的一些不同型号轮式和履带式消防车相继问世，如装配了车载消防泵和车载电控消防炮 6×6 轮式装甲消防车为水陆两栖车，装配了多种灭火装置的 8×8 轻型全地形消防车，以及 SXD09 型多功能履带式森林消防车及西贝虎水陆两栖全地形车等。同时合作引进了蟒式全地形森林消防专用车、北极星系列车辆等。以上几种新型全地形车辆，均能够穿越林地、灌木林地、荒山草地、沼泽地和沟塘等复杂地形，实现快速运送扑火队员、给养物资抵达火场。有的动力强大，有的机动灵活，可根据不同扑火作战需要进行合理使用。这几种新型全地形车辆的投入使用，有效提升扑火队伍作战能力，提高扑火效率，成为我国森林防火作战的中坚力量。

手动扑火机具。风力灭火机。我国独创的扑火机具，利用高速气流即强风进行扑火，扑火效果较好。风力灭火机不但是扑灭森林火灾的有效工具，也是火烧防火线、火烧草塘时控制火蔓延的有效工具。一台风力灭火机相当于 25~30 名灭火队员用手工工具的灭火效果，具有重量轻、体积小、功率大的特点。在各种条件下都能使用，不受交通、地形、水源等条件的影响，只要 3~5 人组成一组，背 1~2 台风力灭火机，带上燃油筒和灭余火的工具，就能迅速有效地灭火。

灭火水枪。我国背负式水枪是 20 世纪 80 年代黑龙江省森林保护研究所首先研制的，由水枪和背负水囊或水桶组成，可装水 10 千克，有效射程在 10 米以上，靠人力推动喷水。水枪用铝合金制成，结构紧凑，轻便灵活，操作者只需要往复推拉水枪就可实现连续喷水或点射，快速、有效地灭火。

高压细水雾灭火机。主要由水袋、喷射器、机体三部分组成。高压细水雾灭火机是以普通的水为灭火剂，采取高压直射式雾化技术，对火焰实现冷却、窒息。它是一种高效能的灭火机具，具有雾化高效、射程远、隔离热辐射、高稳定性和长时间连续工作性能，安全、高效、环保、节水，主要用于扑灭森林初期火灾及清理森林余火。

灭火水泵。主要用于扑灭高强度火，各国对消防水泵的研究都很重视。高压接力水泵，不仅可以直接移动扑灭高强度火，还可以通过接力形式将水输送到几公里以外的火场，甚至送达 50 米高度，也能为消防车、水罐车及森林灭火器的储水箱加水。

手投式灭火弹。目前有拉发式和引燃式两种。手投式灭火弹弹体外壳由纸质制成。发生火情时，灭火人员握住弹体，撕破保险纸封，勾住拉环，用力投向火场，灭火弹在延时几秒钟后在着火位置炸开（拉发式）。灭火人员或握住弹体，撕破保险纸封，掏出超导热敏线，直接投入火场。超导热敏线在火场受热速燃并爆炸，释放出超细干粉灭火剂，可在短时间内使突发初起火灾得到有效控制。在扑打中高强度火或火头时，人难以接近，也可投掷灭火弹减弱火势。具有储存有效期长、易于保存的优点。

点火器。从点火原理划分主要有滴油式和喷雾式两种，是点烧防火线，以火攻火及计划烧除常用的点火工具。用点火器点烧比人工点烧省时省力，操作简单，在生产实践中很受欢迎，目前全国林区已广泛应用。20 世纪 80 年代，以黑龙江省森林保护研究所为主研制点火器开始，到目前型号很多，如 DH-1 型滴油式点火器、76 型自调压手提式点火器、BD 型点火器、SDH-4 型点火器等。

（五）森林航空消防

森林航空消防开展的项目主要有巡护监测、机降灭火、吊桶灭火、索（滑）降灭火、化学灭火、吊囊灭火、机腹式水箱灭火、航空水袋灭火、直升机吊挂宣传条幅、航空广播器、空运给养、急救、视频传输、空撒防火传单等。主要机型：直升机主要机型有大、中、小型直升机，MI-26TC、K-32、M-8、M-171、Z-8、Z-9、AS- 350、BO-105、EC-135、EC-155、EC-225、S-92、A-119、恩特龙和画眉鸟等；固定翼飞机主要机型有 Y-5、LE-500、AT802- F、Y-11、Y-12、GA- 200 和 M18 等。

目前全国已形成了以北方航空护林总站、南方航空护林总站为核心，以26 个航空护林站为骨干，森林航空消防覆盖了 17 个省份，每年租用飞机140 多架，并成功引进 3 架米 -26 大型直升机，飞机数量不断增加，飞机性能不断提升，空中直接灭火能力不断增强，在森林防扑火特别是扑救较大森林火灾中发挥着关键作用。

另外，无人机技术在森林航空消防中的应用越来越广泛。无人机分为固定翼和旋翼两种类型。固定翼无人机可参与林区巡护或热点侦察，它可以按照预设的航线飞行，同时使用任务载荷对林区作大面积的扫描、录像、拍照，可以将重点区域的图像信息传回地面，由地面传回指挥部。旋翼无人机（直升机）在有人机扑救火场时，承担火场侦察任务，不仅能增加有人机直接扑火时间，使有人机空中扑火能力得以充分发挥，而且还可以把火场适时图像传至指挥部，使指挥部全方位了解火场蔓延和扑救情况， 从而及时调配兵力和指挥飞机进行扑救。

　　科技是森林防火工作的重要支撑，是提高森林火灾防控水平的关键。为应对日益严峻的森林火灾防控形势，我国林草科技工作者不断加大对新技术新装备的研究运用力度，探索通过大数据、无人机、红外探测、卫星监测、5G 通信、物联网等新技术推进防灭火监测预警精准化、扑火决策智能化和扑火装备现代化，整体提升森林草原防灭火治理能力现代化水平。

直升机吊桶灭火（中国森林草原防灭网　提供）

十三、天地空一体智慧监测林草资源

森林资源经营管理与监测对于森林资源可持续发展和我国实现"碳中和""碳达峰"两个目标具有重要意义。森林资源监测是对一定空间和一定时间的森林资源状态的跟踪调查与观测，掌握其变化情况，从而满足对森林资源评价的需要，为合理管理森林资源，实现可持续发展提供决策依据。森林资源经营管理是对森林资源进行区划、调查、分析、评价、决策、信息管理等一系列工作的总称。森林资源监测与经营管理技术起步于早期的传统森林资源调查，目前已发展到集卫星、有人机／无人机、地面及北斗卫星导航、5G、物联网等智能终端的综合体系。

随着计算机和虚拟现实技术的快速发展，充分利用虚拟现实、三维建模、图形图像等技术，结合天地空森林资源调查和监测数据，进行虚拟森林资源和环境构建，实现森林资源经营管理、辅助决策的三维可视化模拟与虚拟仿真，已成为当前热点。形象、直观地模拟森林资源现状和变化，不仅有利于表达森林资源的现状、结构组成和功能，而且有利于分析森林动态变化，揭示森林景观格局特征，为森林景观规划和森林资源经营管理提供全新手段。

（一）继承融合创新，成就"森林经营之道"

在我国，有记载的森林调查雏形技术，可以追溯到若干世纪以前，竹农为了对新竹进行记数，采用油漆标号隔年逐株连查的方法。系统的森林调查工作，开始于新中国成立后的 1950 年，当时全面引进了苏联的森林调查技术。60 年代着手引进以数理统计为基础的抽样技术，70 年代后期开始建立

唐守正（1941—），湖南邵东人。中国科学院院士。长期从事森林经理和林业统计研究工作。他用数学方法解决林业难题，推动中国森林经理学科和林业统计学科发展，在森林经理、林业统计及计算机技术在林业中的应用等方面取得突出成就，为我国森林资源普查、森林经营水平提高、森林生态建设等作出了重要贡献。（符利勇　提供）

国家森林资源连续清查体系。开展森林资源清查，及时掌握全国森林资源现状和变化，是评价我国自然资源和生态状况的主要依据之一，是国家宏观决策的重要基础。70年代末开始，国家组织以省份为单位进行的森林资源连续清查。全国每5年进行1次全国范围的汇总，汇总是基于各省份不同调查年份的数据的，所以汇总的结果是全国过去5年的森林资源状况。全国每1年调查大约1/5的省份，5年完成一次调查。

中国科学院院士、我国著名森林经理学家、林业统计学家唐守正指出："经过数十年的发展，我国森林资源清查体系不仅在清查方法和技术手段等方面与国际接轨，而且在组织管理和系统运行方面也规范高效起来，尤其是样地数量之大、复查次数之多，高新技术与地面调查结合，统计结果之丰富，都足以说明我国森林资源清查体系已居世界先进行列。但是从发展的角度看，我国森林资源连续清查自动化水平还有待提高，实现国家与地方森林资源监测一体化，提供更多内容和更精细的时间、空间分辨率的高质量数据，满足经济社会发展的需要，还需作出

唐守正院士进行
生物量野外测定
（符利勇 提供）

更多的探索和努力。"

　　唐守正院士首次系统地把近代数量分析方法引入我国林业生产、科研和教学中，推动了中国森林经理学科和林业统计学科发展，在森林经理、林业统计及计算机技术在林业中的应用等方面取得突出成就，为我国森林资源普查、森林经营水平提高、森林生态建设等作出了重要贡献。

　　以唐守正院士为首的中国林业科学研究院资源信息研究所森林经营与生长模拟科技创新团队是一支老中青结合的富有活力的研究团队，重点开展中国特色的森林经营理论与技术应用基础研究，着力解决我国森林经营的关键技术。团队面向国家森林经营重大需求，在习近平总书记提出的"人与自然和谐发展""绿水青山就是金山银山""山水林田湖（草、沙）生命共同体统筹"等重要思想指引下，以完善和丰富中国特色的森林经营理论与技术体系为发展目标，以支撑我国森林质量精准提升为任务，成就了一条"森林经营之道"。

1. 自主研发，打造"统计之林"精品

基于 30 多年林业统计研究和林业生产经验，历时 10 多年研发推出了林业数据分析和生物数学模型计算软件（ForStat)"统计之林"。该软件是一款具有国际水平的专业生物统计和数据分析软件。软件许多计算功能已达到国际同行业领跑地位，为林业数据高效处理与分析起着重要作用。迄今为止，国内 80 多所高等院校和科研院所使用该软件，用户达 5 万余名，得到国内外同行高度认可。

2. 引进消化，创新中国特色经营之路

吸收国际上近自然森林经营的理念，创新形成了"人工林多功能经营技术体系""生态采伐更新技术""中亚热带天然阔叶林可持续经营技术""经营单位级森林多目标经营空间规划技术""多功能森林经营方案编制关键技术"等成果，是我国近自然多功能森林经营理论的先行者。这些技术在全国10 余个省份经营单位进行了推广应用，取得了良好的效果。

3. 立足基础，立地质量评价再结硕果

针对立地质量评价这一林学基础问题，创新提出了一种基于林分潜在生长量的新的立地质量评价方法，可以估计某一立地不同森林类型的潜在生产力，并能给出实现潜在生产力的最优密度，适用于纯林和混交林。该成果完善了立地质量评价的理论和方法，对于精准提升森林质量，指导森林经营高质量恢复，具有重要的意义。基于该研究成果发表的论文获得第五届中国科协优秀科技论文、农林集群优秀论文特等奖。

（二）现代遥感技术"武装"传统林业

我国林业遥感起始时间可追溯到 1951—1953 年，到今天为止已有近 70 年的发展历史。在 1951—1980 年这段时间，遥感在林业上的应用局限于森林资源调查。1981—2000 年，林业遥感科研和应用由单一的森林资源调查走向比较综合的三北防护林调查、可再生资源调查评价等。2001 年 2 月，国务院批准了林业六大重点工程，随后"863"计划首次设立了地球观测和导航技术领域，"973"计划、国家科技支撑计划、高分辨率对地观测重大专项、国家重点研发计划等国家科技计划陆续组织实施。在这些国家级科研项目支持下，2001—2020 年成为了我国林业遥感创新发展、硕果累累的 20 年。1999 年第一颗高空间 分辨率卫星 IKONOS 发射，1998 年"数字地球"概念提出，这都预示着在 21 世纪中国林业遥感将走向发展快车道。因此，林业遥感第三个阶段自 2001 年开始似理所当然。如果说 21 世纪前 10 年我国林业遥感还严重依赖国外卫星数据源的话，2011 年开始的后 10 年则开启了中国高分辨率对地观测的新时代。

林业是我国最早应用遥感技术并形成规模应用的行业之一。自 1951 年以来，中国的林业遥感经历了 70 年的发展历程。1953 年西南、西北林区试点——航空遥感：目视调查法；1954—1964 年全国资源第一次清查：森林抽样调查法；70 年代，航天遥感图应用试验，绘制森林分布图，估测森林蓄积量；80 年代随着电子计算机的快速发展，引入了计算机图像处理系统，对森林监测和林业信息管理有了深刻的影响；90 年代航天遥感、GPS 技术、GIS 技术的发展，提供了更广阔的数据源、更强大的管理分析功能；现阶段为数字林业技术。

1951—1980 年：航空遥感像片为主的目视解译应用阶段。在这一时期，森林资源调查、森林火灾监测等林业应用所采用的遥感数据，无论是航空摄

徐冠华（1941—），上海市人。中国科学院院士，第三世界科学院院士，瑞典皇家工程科学院外籍院士，国际宇航科学院院士。第十六届中共中央委员、原国家科学技术部党组书记、部长。主要从事专业为资源遥感和地理信息系统研究。他研制成功我国已知最早的用于资源调查的遥感卫星数字图像处理系统；发展了遥感综合调查和系列制图的理论和方法，领导编制了我国第一部再生资源遥感综合调查与系列制图技术规程；他领导的三北防护林遥感综合调查课题在空间遥感应用规划、技术难度和时间要求上在当时均属空前。（田昕　提供）

影测量遥感数据还是 Landsat MSS 卫星数据，主要是采用胶片提供的。将胶片洗印得到像片后再用于目视解译、判读分析。由于受当时计算机发展水平的限制，目视解译和判读也主要是在像片上通过人工勾绘、测量完成调绘任务。总之，这一时期遥感科研仪器设备和软件都依赖进口，林业遥感科研能力弱，遥感应用总体处于看图识字阶段。

1981—2000 年：卫星遥感的开拓创新阶段。在"六五"期间，林业部门承担了一项针对林业遥感关键技术研究的项目，即徐冠华院士主持的 "用于森林资源调查的卫星数字图像处理系统"。该项目研发了遥感卫星数字图像处理系统，并在森林资源调查遥感应用技术方面取得了重要突破，创新性地提出了快速有监分类、专家系统分类、蓄积量估测模型，实现了基于卫星遥感数据进行大面积土地覆盖和森林分类及蓄积量的估测，开启了卫星遥感林业信息提取的先河，并用计算机辅助绘制大比例尺森林分布图与蓄积量分布图，铺就了我国航天遥感技术的实用化道路。

"七五"期间，林业部门承担了第一个

以国家需求为驱动的多部门联合研发项目。1985—1990 年，在徐冠华院士的带领下，赵宪文、虞献平等老一辈科学家联合林业部、中国科学院、教育部、农业部、测绘局共 37 个单位 140 余名科技人员协同攻关，首次制定了再生资源遥感综合调查技术规范，在信息源评价、遥感图像处理、专业遥感调查、遥感系列制图、生态效益评价等遥感应用关键技术领域均取得重大突破，并成功研制了应用微机的资源与环境信息系统，实现了多种资源数据管理、分析和预测，彻底改变了传统的资源调查与监测结构和模式，成为推动我国卫星遥感技术进步和应用的重要里程碑。

"八五"期间，1993—1997 年，由联合国开发计划署 (UNDP) 援助的"中国森林资源调查技术现代化"项目，建立了卫星遥感监测与地面调查技术相结合的二阶抽样遥感监测体系，通过统计方法估计出全国森林资源数据，并通过区划形成森林资源分布图。"863"课题"星载合成孔径雷达（SAR）森林应用研究"在我国率先开展了将 SAR 应用于森林资源信息提取方法的研究，利用单波段、单极化星载 SAR 数据，建立了后向散射系数与森林参数的经验关系模型，研发了森林类型分类专家系统。

"九五"期间，主要通过 SAR 和干涉 SAR 用于植被监测和制图的国家 863 项目，建立了植被主动微波非相干散射机理模型，发展了基于多时相、多频 SAR 和干涉 SAR 等星载 SAR 数据的植被类型、森林分类制图方法。

2001—2020 年：定量遥感发展和综合应用服务平台形成阶段。"十五"期间，在"成像雷达遥感信息共性处理及应用软件"、科技部—欧洲空间局"龙计划"（ENVISAT 对地观测数据综合应用研究）等"863"计划项目支持下，开展了 SAR 林业遥感定量技术研究，突破了星载 SAR 定位、正射 校正、地形辐射校正等预处理关键技术，开发了星载 SAR 数据处理系统，并在 InSAR、极化干涉 SAR 森林信息提取模型和方法上取得了阶段性进展。该阶段主要发展定量遥感技术与方法，推动遥感技术的深度与广度应用。

"十一五"（2006—2010 年）期间的发展特点表现在：林业遥感应用基础理论研究得到加强，林业定量遥感得到快速发展，针对林业行业需求的支撑技术研发走向综合化，初步形成了我国林业综合监测技术体系。该阶段规范了遥感技术林业应用的技术流程与标准，突破了森林资源遥感数据综合处理、分析及其集成应用的关键技术，构建了现代信息技术与传统调查技术相结合的天—空—地一体化、点—线—面多尺度、资源—工程—灾害综合监测技术体系，全面提升了国家森林资源监测、预警水平，为国家宏观决策提供服务。

"十二五"在遥感数据的定量化处理、复杂地表森林三维结构信息主被

高分林业应用服务平台门户界面（张怀清　提供）

动遥感定量反演和时空分析建模方面取得了重要进展，也开启了国家重大科技专项"高分辨率对地观测系统"（2011—2020 年）实施的新时代。该阶段使得森林资源遥感关键技术有了进一步的创新，构建了林业遥感综合应用服务平台。 森林资源遥感监测关键技术创新主要表现在研发了系列遥感数据处理技术与方法、提出了森林参数遥感定量反演基础理论和方法。高分林业遥感综合应用服务平台的研建，攻克了系列高分辨率遥感林业调查和监测关键技术、 研建了高分辨率遥感林业应用服务平台、构建了高分辨率遥感监测应用系统。 "数字化森林资源监测技术"面向现代森林资源监测的国家需求，从森林资源监测技术出发，开展前沿技术研究，突破了制约林业信息化发展的森林资源信息获取时间长、精度低，可视化程度低、预测模拟困难等技术难点，实现了森林资源的精准监测。

近年来，由于航空器和传感器的发展，航空（有人机/无人机）遥感越来越多的应用于森林资源监测业务中。中国林业科学研究院构建了两套国内领先的机载遥感集成平台，有力支撑林草资源"图－谱－温－高"信息的多维度同步观测。

中国林业科学研究院机载遥感观测系统是以高精度定位系统和惯导系统为控制纽带，集成多种主、被动传感器的综合遥感观测系统。先后集成了两套大型机载遥感综合观测系统。CAF-LiCHy&LiTHy 两套系统综合了全波形激光雷达，高光谱扫描仪、高分辨

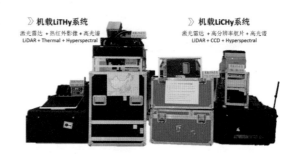

中国林业科学研究院机载遥感系统 LiCHy&LiTHy"全家福"（张怀清　提供）

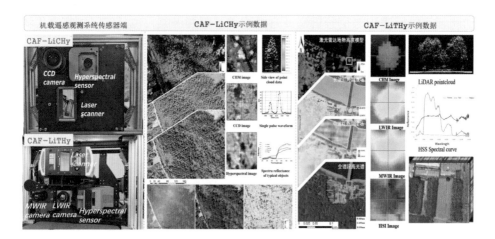

中国林业科学研究院机载遥感系统林草资源"图－谱－温－高"信息展示（张怀清　提供）

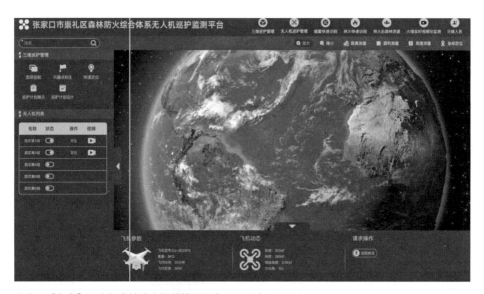

张家口"冬奥"无人机森林防火智慧管理平台（张怀清　提供）

率航空和热红外相机 4 种主、被动传感器的优势，可实现对林草及其他自然
资源的"影像图－光谱－温度－高度"信息多维度同步观测，能满足我国
主要林草分布区以及其他自然资源的航空遥感监测和调查需求。

无人机已逐步应用于重点林区的森林资源监测与日常巡护，如集成无人机智能调度、巡护数据实时接收、烟火智能识别及准确定位等功能，构建无人机防火智慧管理平台，为森林防火部署 / 调度、火情快速识别定位、应急指挥和灾后评估提供重要保障。

（三）三维可视化技术"助力"森林资源智慧监管

我国于 20 世纪 80 年代开始，在相关科研院所和高校开展了林业可视化模拟方面的研究工作，取得了一定进展，由于与国外相比起步较晚，基础很弱，同时由于属于交叉性学科，给可视化研究工作带来的很大挑战。中国林业科学研究院资源信息研究所林业可视化研究团队经历了技术引进、消化、吸收和创新的阶段，立足自主创新，在林业可视化研究领域长期辛勤耕耘，系统创建了树木、林分、森林经营、林草景观可视化模拟方法、模型和系统，研发了沉浸式林草虚拟现实与可视化模拟平台，探索和开拓了一条林业可视化发展之路。

1. 虚拟森林构建

虚拟森林为森林资源经营管理提供操作平台。较早的虚拟森林构建主要表现在：一是基于地理信息系统软件，通过虚拟森林建模软件与地理信息系统软件的结合，进行实时森林景观的模拟，如基于 ArcInfo、Mapinfo 等平台上开发的虚拟森林模拟，这种虚拟场景构建的优势是可以充分利用空间数据，尤其是森林资源调查数据，在现有数据图层中进行加载和模拟，能较真实地反映森林状况，但是由于受地理信息系统渲染功能的限制，往往可视化效果和支持的三维模型数量有限，较难进行大规模森林三维可视化模拟。二是基于虚拟景观模拟软件，这些景观模拟软件能够快速进行场景的构建，一般可以实现一次渲染加载，多次快速运行的功能，如 Blueberry3D、Vega Prime 等，但是由于该场景引擎的局限性，往往对空间矢量的支持，以及生长动态模型的加载支持不好，存在数据的转换和准备时间较长，难以实现动态模拟等困难。三是基于基础图形引擎开发的森林场景软件，如 VRML、Directx 3D、MOGRE 等开发的模拟系统，由于使用标准图形类库进行的底层研发，因此开发自由度高，可扩展性强，但是由于开发难度大，入门门槛高等缺点使后期的更新和研发变得困难。

随着虚拟现实技术的发展，三维可视化研发工具变得越来越成熟，使用越来越简单，效果越来越逼真。目前国际上广泛使用的 UNITY、UNREAL 等大型三维可视化开发工具使虚拟森林构建变得比以前更加容易。但是这些虚拟森林构建软件大都针对于固定场景模拟与交互仿真为目的，与森林资源经营管理为目标的虚拟森林模拟存在较大的区别，因此还需要在森林景观的

虚拟森林构建

（田昕 提供）

构建中，考虑和开发针对于森林资源经营管理的人机交互、森林景观动态模拟等功能，虽然每种开发工具都有研发限制，但是其扩展功能也在不断增加，为基于虚拟森林的经营管理提供便利。如基于 UNITY 平台的沉浸式林业虚拟现实与三维可视化系统，为虚拟森林的构建提供了逼真、形象和多模态交互的平台。

2. 森林资源经营管理活动三维可视化

森林资源经营管理过程涉及各种不同类型的林分经营管理活动，需要针对不同的经营管理活动建立可视化模型。同时经营管理过程复杂多样，涉及森林经营周期内的各种自然和人为干预，涵盖了森林经营周期内的主要经营管理活动，包括森林管护、病虫害防治、火灾监控预警，以及整枝、抚育、采伐等经营管理活动，根据经营管理活动具体实施对象与方法的不同，对其进行了具体类别的划分。利用三维可视化技术，进行经营管理活动的建模工作，结合虚拟现实的交互技术，开发面向经营管理者的经营活动三维可视化模块，这些可视化模块可以根据工作流进行组装、参数化定义、交互设计和活动实施等操作，从而完成各种经营管理活动的三维可视化模拟。

森林资源经营管理三维可视化交互（田昕 提供）

森林资源经营管理交互三维可视化包括经营管理活动与虚拟森林之间、经营管理活动之间的各种交互操作。如在开展森林经营活动中，当同一林分达到某一经营措施实施条件时，即可执行相关经营措施，在交互操作的实现过程中，可以利用渲染引擎构建的虚拟森林场景，通过在森林虚拟三维环境中位置、方位、环境、姿态、声音等信息进行活动交互和模拟，如果通过射线查询算法和可查询到面片级别的查询算法，实现了交互式林木采伐过程与林木整枝过程的可视化模拟，基于林木特征信息（胸径、树高、生长状况等）、林分结构参数（角尺度、大小比、混交度、开阔比数等）及采伐量，结合可视化模拟技术，进行人机交互式采伐木选择方法，实现基于林木特征的交互式林木采伐过程可视化模拟等。

3. 森林资源经营管理辅助决策可视化模拟

森林资源经营管理辅助决策可视化模拟是进行森林资源经营管理决策的重要手段，是指对于每一个森林管护、病虫害防治、火灾监控预警，以及整枝、抚育、采伐等经营管理活动，可以指定多个不同的经营管理活动，从不同的经营管理活动得出的结果中进行对比、分析，得出最优方法。同时，同一种经营管理活动，又存在不同的实施方法。不同的实施方法，将产生不同的经营效果。例如，针对不同经营管理目标，通过建立采伐量、保留木平均胸径、林分郁闭度及保留木混交度等决策标准，构建林分经营措施方法决策活动、执行过程以及交互式经营措施方法决策模型，实现了基于林分经营措施方法决策的林分经营过程可视化模拟，优化了林分经营措施决策方法。以在间伐措施中制定不同间伐方式为例，对不同经营管理方式下的木材收获与经济收入进行了对比，或者对森林采伐作业进行流程模拟和作业可视化模拟，分析采伐作业对虚拟环境以及林分结构的影响，并对林分经营管理过程的经

湖南黄丰桥国有林场森林经营管理辅助决策支持系统（上图为林龄 11 年时的场景模拟，下图为经历过间伐作业后林龄 16 年时的场景模拟）（田昕 提供）

济效益和整个投入产出进行了核算等。经营管理成效的可视化分析，可以针对同一个林分，定义多个可视化经营管理方案，针对每个经营管理方案的最后结果进行分析、对比，得出最优的方案。森林资源经营管理辅助决策可视化模拟有助于开展森林经营管理的辅助决策和科学分析，为实施科学、合理地森林资源经营管理提供直观、形象和可供反复试验的技术手段。

4. 沉浸式林草虚拟现实与可视化模拟平台

针对传统可视化系统存在的逼真度、沉浸感、交互性差等问题，突破了三维显示、图形集群、网络互联、动作传感等集成技术，结合现有技术基础，研发了亚洲首套林草虚拟现实与三维可视化平台。该平台集视觉、听觉、触

沉浸式林草虚拟现实与可视化模拟平台（田昕　提供）

觉等多感知为一体，实现了大规模、沉浸式、交互体验与高逼真的林草虚拟
现实与三维可视化研发环境，为林草资源规划设计、监测评价、生产经营、
科普教育、旅游康养、产业发展等提供全新的研究、实验与应用平台，在此
平台上结合实际需求研发了森林、湿地、草原等一系列虚拟仿真与可视化模
拟系统，平台与国内外 60 多家单位 1500 余人次的同行专家开展了成果推
广与交流培训，提高了我国林草虚拟现实与三维可视化技术在国内外影响力。

　　林草可视化技术及系统成果在贵州、湖南、江西、四川、甘肃、内蒙古、
广西、云南、北京等地开展了应用，为林草资源信息化、智能化、可视化管
理和服务提供关键技术支撑，为林草科学研究提供新的技术手段，对于林草
资源质量精准提升，加快提高现代林业的信息化水平具有重要意义。

　　当前，我国对林草资源监测的时空分辨率与精度提出了更高的需求；全

林业可视化技术成果应用（田昕　提供）

国各地"国储林"项目的实施，对森林经营管理服务于新的国家战略需求提出了挑战。如何发展森林经理基础理论，利用现代化技术助推科学的森林资源监测和经营管理，成为当前林草科技工作者的奋斗目标。

森林 VR 场景
（田昕　提供）

杉木林分生长 VR 模拟
（田昕　提供）

第三篇
引领绿色未来

　　未来的世界是什么样的世界？是人与自然和谐共生的世界，是绿色低碳循环发展的世界，是全人类共享的清洁美丽世界。建设这样的世界，与林草科技工作密不可分。科学研究是把握林草事业建设和生态系统保护修复规律的根本途径，只有了解自然，掌握规律，才能尊重自然、顺应自然、保护自然，按自然规律办事，还自然以宁静。科技创新是实现林草资源价值和发挥多种效益的根本手段，只有在保护好生态环境前提下充分挖掘林草资源蕴藏的巨大价值，不断研发丰富多样的生态产品、经济产品、景观产品、文化产品、健康产品等等，才能让绿水青山源源不断带来金山银山，让更多绿色资源转变成绿色资本。科学普及是提升公众生态意识弘扬生态文明的根本措施，只有从根本上建立人与自然和谐关系的基础，才会实现人与自然和谐共生，美美与共。林草科技引领绿色未来，肩负光荣历史使命，也面临严峻挑战，需要当代林草科技工作者解放思想，大胆开拓，奋力拼搏，努力做出经得起历史检验的成绩，书写更加辉煌的篇章。

新时代　新征程
（国家林业和草原局
宣传中心　提供）

一、把握机遇　迎接挑战

当今世界正处于百年未有之大变局，不稳定性不确定性明显增加，但我国发展仍然处于战略机遇期。在形成新一轮科技革命与产业变革过程中，我国科技发展与林草事业正在发生历史性深刻变化。

1. 我国林草科技面临两大历史性深刻变化

一是我国科技发展正在发生历史性深刻变化。党的十八大以来，以习近平同志为核心的党中央高度重视科技创新工作，以前所未有的思想认识高度和工作力度推动我国科技工作发生历史性深刻变化。习近平总书记在 2018 年两院院士大会上指出："科学技术从来没有像今天这样深刻影响着国家前途命运，从来没有像今天这样深刻影响着人民生活福祉。"科技创新已成为百年变局的一个关键变量，关乎国运，决胜未来。以习近平同志为核心的党中央审时度势，对我国科技创新工作进行了战略性、全局性谋划和部署，主要体现为 7 个"新"：一是作出"创新是引领发展的第一动力"新的重大论断；二是确立"坚持创新在我国现代化建设全局中的核心地位，把科技自立自强作为国家发展的战略支撑"新的重要定位；三是提出"创新、绿色、协调、开放、共享"新的发展理念，将创新列为首位；四是实施"创新驱动发展战略"新的重要战略；五是明确"建设创新型国家和世界科技强国"新的重要目标；六是组建新的科技管理部门，将原科技部、国家外专局职责整合，重新组建科技部，国家自然科学基金委改由科技部管理，将科技工作从社会建设领域调整到经济建设领域；七是实施一系列新的重要举措，在深化科技领域"放管服"改革、破"四唯"、改

"三评"、强化基础研究、加强人才队伍建设和作风学风建设等方面出台了一系列政策措施。我国科技发展正在加速进入全新时代。

二是我国林草事业正在发生历史性深刻变化。以习近平同志为核心的党中央把生态文明建设作为统筹推进"五位一体"总体布局的重要内容，开展了一系列根本性、开创性、长远性工作。林草事业作为生态文明建设的基石，发展任务更加繁重、要求更加严格。纵观新中国林草事业发展历史，可分为3个阶段：第一个阶段是 1949—1998 年，可称为过度开发利用森林资源阶段，即以木材生产为主的发展阶段，采伐木材共约 60 亿立方米，为国家经济建设作出了重要贡献。林业工作的对象是森林生态系统和野生动植物保护，即 1个生态系统和 1 个多样性。第二个阶段是 1998—2018 年，可称为快速推进造林绿化阶段，即以生态建设为主的发展阶段，仅 2000 年 1 年的中央造林

绿色拥抱的社会主义新农村（国家林业和草原局宣传中心 提供）

投资就相当于 1949—1998 年的总和，之后每年造林面积保持在 1 亿亩以上，森林覆盖率从 1998 年的 16.55% 提高到 22.96%。林业工作增加了湿地和荒漠化管理职责，变成 3 个生态系统和 1 个多样性。第三个阶段从 2018 年开始，进入以生态保护修复为主的发展阶段，主要任务是保护管理林草资源，提高陆地自然生态系统质量和稳定性。工作职责增加草原管理，变成了森林、湿地、荒漠、草原 4 个生态系统和 1 个多样性，形成今天林草部门的新职能，即统一组织推进大规模国土绿化、统筹山水林田湖草沙系统治理、统一管理以国家公园为主体的各类自然保护地以及监管森林、草原、湿地、荒漠和野生动植物资源利用，从更高层次更高要求建设生态文明和美丽中国，推动实现人与自然和谐共生。

上述"两大变化"是林草科技最直接的现实背景，既是机遇，也是挑战，迫切要求林草科技因时而变、因事而变，抓住大趋势、下好先手棋。

山花烂漫（新疆维吾尔自治区林业和草原局宣传信息中心 提供）

2. 林草科技面临四大需要解决的问题

一是自然生态系统质量不高。林草部门最主要的职责是保护修复自然生态系统，提高自然生态系统质量和稳定性，这一任务十分艰巨。我国中度以上生态脆弱区占陆地总面积的 55%，草原中度和重度退化面积占 1/3 以上，湿地生态状况评为"中"和"差"的分别占 52.68% 和 31.85%，全国荒漠化土地面积占陆地总面积的 27.20%。人工林面积占全国森林面积的 36%，中幼龄林占比达 65%，质量好的森林仅占 19%。土壤、水体、大气污染严重，病虫害和火灾等灾害频发。万物得其本者生，万事得其道者成。只有了解自然，才能尊重自然、顺应自然、保护自然；只有认识规律，才能把握规律、遵循规律、按规律办事。掌握林草事业建设规律和技术，实现自然生态治理科学化，真正提高自然生态系统质量和稳定性，必须加强科学研究。

二是林草产业转型升级不快。林草产业涵盖一二三产业，关系人们的衣食住行娱，是国民经济发展的基础产业，是山区林区沙区牧区人民群众增收就业的主导产业，是满足人民群众对生态产品强烈需求的主要产业。2020 年我国林业产业总产值达 8.1 万亿元。但总体上看，我国林草产业属于劳动密集型产业，生产方式粗放、技术装备差、创新能力弱。据国家木竹产业技术创新战略联盟统计，规模以上林业企业具有研发能力的仅占 28.60%，研发经费投入仅占营业收入的 0.75%，远低于 1.23% 的全国平均水平。80% 以上的企业为中小规模，人均生产率不到发达国家的 1/6，产品附加值仅为发达国家的 1/3，在全球产业分工中处于中低端水平。林草三次产业产值比例为 33：48：19，第一、二产业比例过大。绿水青山就是金山银山，"美丽经济"具有巨大潜力。实现林草产业发展高质化，加速推动我国从林草产业大国向强国转变，更好服务于新发展格局构建，必须依靠科技创新。

三是林草生产管理手段不新。加快林草事业机械化、信息化、智能化建设是提高林草生产率和解放劳动力的根本途径，是实现林草事业现代化的必然要求。林草行业生产经营和管理手段传统简陋，机械化、信息化、智能化水平过低。我国户外林草机械多处于空白或起步阶段，机械化造林仅占10%，苗圃生产机械化程度只有45%。林农开展林业种植、抚育、管理、采伐主要靠人力，成本负担重。林草基层管理部门地处偏远、发展滞后、设施短缺，条件普遍较差，具备交通工具、通信设备和计算机的林业站分别占全国乡镇林业站总数的36.09%、61.34%和74.63%。实现林草生产管理现代化，必须大力加强科技工作。

四是公众生态科学素养不高。加强林草科学普及，提升公众生态科学素养是从根本上建立人与自然和谐关系的基础。长期以来，我国德育教育主要围绕如何处理人与人、人与社会关系的层面进行，一定程度上忽略了关于

额尔齐斯河之源（新疆维吾尔自治区林业和草原局宣传信息中心　提供）

如何处理人与自然包括人与其他生命关系的教育，造成公众生态科学素养普遍偏低。数据显示，2020年我国公众具备基本科学素养的比例刚刚超过10%，远低于加拿大的42%、美国的28%等发达国家水平，而公众生态科学素养则更低。如果人民群众只是热情地关注、积极地参与，却不掌握一定的科学知识，往往就会好心办坏事。提升公众生态科学素养，推动形成"绿化山头"和"绿化人头"并重、改造客观世界和改造主观世界并重的完整林草事业发展观，从根本上发挥人民群众主体作用，实现林草事业建设全民化，必须加强科学普及，把科普工作摆到与科技创新同等重要的位置。

解决上述问题是林草科技最主要的现实任务。形成这些问题的根源在于科技供给不足，解决这些问题的途径在于加快科技创新发展。

3. 林草科技面临三大困难挑战

面对新时期林草事业高质量发展的新形势、新任务和新要求，林草科技创新仍存在短板和不足，面临重大挑战。

一是林草科学研究周期长。 森林、草原、湿地、荒漠等生态系统空间尺度大、涵盖内容多、演替周期长，同时发生着物质循环、能量交流、信息传递，运行机理异常复杂，科学认知难度极大，揭示生态系统演替规律、培育林木新品种需要十几年甚至是几十年的长期、定位、稳定的科学研究。目前研究积累还十分不足。林草事业的公益性特点突出，科研人员往往注重短平快项目研究，不少基础性复杂性难度大的课题却无人长期持续攻关。

二是林草科技创新氛围还未形成。 对林草科技的战略地位和重要意义认识不足，认为林草事业科技含量低、科技有没有无所谓的错误认识普遍存在。思想认识不到位，行动就跟不上，林草科技工作仍然普遍存在"说起来重要，做起来次要，忙起来不要"的惯性，致使林草发展重外延轻内涵，重数量轻质量、重速度轻效益的粗放经营状况得不到明显改善，林草科技创新环境有待进一步优化再造。

三是林草科技基础十分薄弱。 林草科技存在人才不足、机制不活、基础不强、成果不适、转化不畅等问题。科技人才队伍整体断档，高端领军人才十分匮乏，青年拔尖人才明显不足，基层推广人才缺失严重。科研项目缺乏长期稳定支持，基础研究和应用基础研究薄弱。科研项目管理、人才评价等机制创新不足。科技平台基础建设落后，国家级科技条件平台数量偏少，国家重点实验室仅有 2 个，国家野外科学观测研究站数量仅占全国的 8%，观测研究设施设备落后。科研成果与生产实践脱节，科技成果转化机制有待进一步完善。

林草行业的专业性较强，在一些地方的具体实践中，常发生不经科学研究或论证就进行实际生产的情况，致使林草科技发挥不了支撑作用，更发挥不了引领驱动作用，这就要求我们必须加快林草科技发展。

二、明确思路 坚定方向

当前"形势逼人，挑战逼人，使命逼人"，我们必须抓住林草科技发展的重要战略机遇期，坚持问题导向，抓住主要矛盾，理清工作思路，谋划任务布局，突出重点方向，找准对策措施，集中科技攻关，加速推进林草科技创新体系建设，实现林草科技创新治理体系和治理能力现代化，为推动林草事业高质量发展和现代化建设提供有力支撑，为建设生态文明和美丽中国作出贡献。

1. 发展思路

当前，中国林草科技工作的主要矛盾是落后的科技发展水平与林草事业高质量发展需求之间的矛盾，主要任务是加快发展。国家林草主管部门应坚持以习近平新时代中国特色社会主义思想为指导，深入贯彻党的十九大和十九届二中、三中、四中、五中全会精神，坚持"四个面向"战略方向，深入实施科教兴国战略、创新驱动发展战略、人才强国战略，践行"绿水青山就是金山银山"理念，统筹推进山水林田湖草沙系统治理，将创新摆在林草事业发展全局的核心位置，把科技自立自强作为林草事业高质量发展的战略支撑，坚持服务"林草事业高质量发展和现代化建设"主题，围绕"完善林草科技创新体系"主线，构筑集"科学研究、推广转化、标准质量、综合保障"于一体的科技创新体系，以"强基础、活机制、优管理、提效能"为着力点，实现生态系统保护修复、资源培育经营、资源高效利用、野生动植物保护和自然保护地建设、重大灾害防控、装备制造、生态宜居、重大战略研究等八大重点领域新突破，重点推进人才培养、机制创新、技术攻关、平台建设、标准应用、成果转化、产权保护、科学普及等八个重点工作任务新跃升，全面提升林草事业现代化建设水平，为建设生态文明和美丽中国提供有力科技支撑。

2. 发展目标

力争到 2025 年，基本建成林草科技创新体系，科技进步贡献率达到60%，科技成果转化率达到 70%。到 2035 年，全面建成林草科技创新体系，科技进步贡献率达到 65%，科技成果转化率达到 75%，实现林草事业现代化，跨入林草科技创新强国行列。

3. 发展要求

一是牢固树立科技先导这一工作理念。新中国林草事业 70 年发展历程告诉我们：科技兴则事业兴，科技强则事业强。科学研究是把握林草事业建设规律的根本途径和科学决策施策的重要保证。自然生态系统运行机理异常复

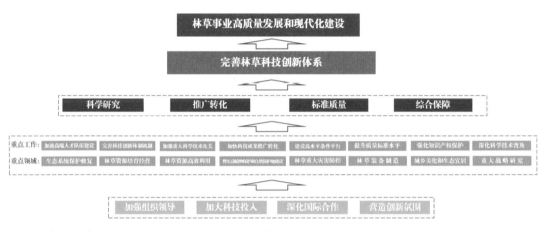

"十四五"林草科技发展体系布局（国家林业和草原局科技司　提供）

内蒙古莫尔道嘎国家森林公园（国家林业和草原局宣传中心　提供）

杂，只有通过科学研究和审慎决策，才能制订出科学的技术路线和工作措施。科技工作是林草事业发展的先导工作，抓工作必先抓科技，这是事物发展的必然规律，也是实践得出的基本结论，更是未来指导工作的重要法则。要深刻理解这一重要理念的理论根源和实践基础，牢固树立科技先导理念，推动形成抓工作先抓科技的思想自觉。要建立科技先导工作机制，在谋划工作、决策工作、安排工作时注重运用科技成果，将科学结果作为重要依据，没有科学依据不决策，不经科学论证不决策。要坚持科技先行，加快科技发展，强化科技支撑，特别是要注重前瞻式的科学研究，努力让科技工作走在生产前头，充分发挥科技基础和先导作用，尽量避免走弯路，犯错误。

　　二是始终坚持科技创新这一核心要务。"抓科技就是抓发展，谋创新就是谋未来。"创新是发展的第一驱动力，要强化创新意识，破除"林草工作创新需求不高""创新是科技工作者的事情"等错误认识，要敢于创新，善

延长县退耕前后对比图（国家林业和草原局宣传中心　提供）

于创新，勇于尝试才能找到新路，科学研究就要允许科学家自由畅想、大胆假设、认真求证，突破思维定式，创新思路方法，破解科学难题。树立人人要创新，时时有创新，处处可创新的理念，让创新思维贯穿林草事业现代化建设始终，让创新行为蔚然成风。加快推动林草事业由要素驱动发展向创新驱动发展转变，必须把科技创新作为林草事业发展的核心要务，以科技创新带动全面创新，实现林草事业高质量发展。

三是着力抓好深化机制改革这一关键举措。习近平总书记指出："推进自主创新，最紧迫的是要破除体制机制障碍，最大限度解放和激发科技作为第一生产力所蕴藏的巨大潜能"。要认真学习贯彻中央关于科技体制改革的一系列重要决策部署，加快科技创新管理体制改革政策落地，深化科技领域"放管服"改革，积极为科研单位和人员"松绑"。要进一步精简程序、简化手续，把科研人员从繁琐的报告和报账中解放出来，赋予科研人员更大的技术路线决策权，赋予科研单位更大的科研项目经费管理使用自主权，让经费为人的创造性活动服务，而不能让人的创造性活动为经费服务。要建立鼓励创新、宽容失败的容错机制，尊重科学规律，给科技创新提供足够时间和空间，努力营造宽松的学术环境。要完善评价机制，继续深化项目评审、人才评价、机构评估"三评"改革，坚决克服"唯论文、唯职称、唯学历、唯奖项"的"四唯"倾向，着力构建科学、规范、高效、诚信的科技评价体系，发挥好评价指挥棒作用。要落实成果转移转化收益分配制度，推动科技成果所有权、使用权、处置权和收益权制度改革，提高科研人员成果转化收益比，有效激发科技人员创新活力。中央有许多好政策，要结合实际认真落实，先行先试，大胆探索，积累好经验，踏出新路子，释放新活力。

山水一色（钱江源国家公园　提供）

　　四是始终抓好人才培养这一根本大计。创新驱动实质上是人才驱动，综合实力竞争归根到底是人才竞争。与其他行业相比，林草科技人才总量不足、结构不合理等问题非常突出。目前，我国林草行业仅有 14 名两院院士，且 70 岁以下只有 4 位。未来 5 年，许多林草科研单位特别是基层科研单位将进入科研人员退休高峰期，人才青黄不接问题将更加突出。要树立正确的人才观，引进人才是人才，现有人才也是人才，要高度重视和关心人才，统筹培养使用好人才。要不断强化涉林草科研院所和学科建设，超前识变，主动布局，提升林草科技创新人才培养能力。要放手使用优秀青年人才，让他们负

福建洋口国有林场杉木育种科研团队人员在林中调查
（黄海　提供）

重担，挑大梁，得锻炼，长才干。国家林业和草原局党组出台了激励创新人才"二十条"措施，鼓励引导制定更多的人才激励政策措施，以更大的勇气，更实的举措，抓好科技人才培养工作。同时，国家林业和草原局启动了林草科技创新人才建设计划，努力造就一批世界水平的科学家、院士、领军人才和高水平创新团队。大力弘扬科学家精神，认真学习"太行新愚公"李保国教授、"大山深处写人生，一棵杉木做

洋口林场杉木种质资源库（黄海 提供）

到底"的福建洋口国有林场杉木育种团队等先进事迹和宝贵精神，激发科研人员始终胸怀大局、心无旁骛、潜心科研的热情和动力。

　　五是牢牢把握成果转化这一目标要求。习近平总书记指出："科技成果只有同国家需要、人民要求、市场需求相结合，完成从科学研究、实验开发、推广应用的三级跳，才能真正实现创新价值、实现创新驱动发展"，这为科技推广转化工作指明了方向、提供了基本遵循。要认真贯彻落实党中央、国务院关于科技推广转化工作的一系列重大决策部署，加强提高林草科技成果供给质量，健全推广转化机制，完善推广转化模式，提升推广转化能力，充分发挥市场配置资源的决定性作用，改善林草科技成果转移转化政策环境，促进资本、人才、服务等创新资源在林草领域的深度融合与优化配置，强化中央和地方协同推动科技成果转移转化，建立符合科技创新规律和市场经济规律的科技成果转移转化体系，为人民群众提供更多更好科技产品，让更多更好科技成果转化到祖国的绿水青山之间。

三、聚焦重点　全力攻坚

党中央、国务院高度重视生态文明建设，践行"绿水青山就是金山银山"理念，统筹推进山水林田湖草沙系统治理，服务乡村振兴战略，推进实现国家碳中和目标，要充分发挥科技的引领和支撑作用。坚持以解决林草科技创新中的痛点、难点、堵点问题为导向，系统谋划林草科技创新发展规划，以部署科技创新重点领域为抓手，以产出标志性重大成果为突破口，以提升林草科技创新能力为核心，加快推进林草事业高质量发展和现代化建设，支撑生态文明和美丽中国建设，实现人与自然和谐共生。

1. 生态系统保护修复

针对我国陆地生态系统脆弱、优质生态产品供给能力不足等问题，研究森林、草原、湿地、荒漠等生态系统稳定性机制及修复机理等重要基础理论，攻克林草生态工程提质增效、生态系统健康诊断等关键技术，为《全国重要生态系统保护和修复重大工程总体规划（2021—2035年）》实现到2035年，中国森林覆盖率达26%，草原综合植被盖度达60%、湿地保护率提高到60%、75%以上的可治理沙化土地得到治理、以国家公园为主体的自然保护地占陆域国土面积18%以上，濒危野生动植物及其栖息地得到全面保护的目标提供科技支撑，显著提升林草生态质量，支撑山水林田湖草沙系统治理，

生态系统的多重组合·新疆巴里坤。在天山北坡，蓝天下的雪山、森林、沙漠、草原、湿地呈立体排列，第次展现在我们面前，那么多不同类型的生态系统居然在同一个小环境下共存，这种异常难得的大自然景观如此震撼，让人目瞪口呆，回味无穷（陈建伟 提供）

促进生态文明与美丽中国建设。

2. 林草资源培育和经营

针对我国林草资源总量不足、生产力不高、优质多样化品种缺乏等问题，重点研究优异林草种质挖掘与创新利用、目标性状形成分子调控机制等基础理论，攻克主要林草精准高效育种、定向培育、全周期多功能经营、天空地一体化资源监测等关键技术，快速培育突破性战略品种，提升林草资源培育和经营技术水平，提高林分质量和生产力，提高我国木材自给率达到60%，林果、林菌、林药等非木质林产品和休闲娱乐、旅游、气候变化缓解等生态系统服务的附加值提高10倍。

3. 林草资源高效利用

针对林业绿色产品供给能力不足、资源利用效率不高、生产力低、能耗物耗高等问题，研究木竹材品质性状调控与加工利用基础，攻克木竹产业绿色发展、特色经济林和林下经济资源增值加工等核心关键技术，创制一批重大林草绿色生态产品，实现生产过程绿色清洁化、关键装备智能化、产品多元联产高值化。林产品回收率提高到90%，再利用和循环使用的木材占所有可回收材料的70%，提高型生物基产品，实现林草产品供应链的可追溯性，努力构建零浪费的林草循环经济社会。

4. 野生珍稀濒危动植物保护和自然保护地建设

针对濒危动植物栖息地退化和破碎化、栖息地过度开发、全球变化威胁等问题，开展濒危野生动物保护、珍稀濒危植物的种群致濒机理和维持机制、极小种群野生植物的精准保育、国家公园为主体的自然保护地体系建设等研究，建成野生珍稀濒危动植物远程智能监测和自然保护地监测平台，通过"天空地"一体化精准监测体系，保护重要自然生态系统的原真性、完整性，支撑生物多样性保护和国家自然保护地体系建设。

5. 林草重大灾害防控

针对我国松材线虫病等重大林草灾害严重，且南害北移态势日益严峻等问题，重点研究主要有害生物灾变及扩散流行机制、林火行为发生机理等基础理论，突破林草重大病虫害智能精准监测、预警预报、绿色调控等关键技术，开发有害生物快速检测产品、多功能复合生物防治产品，攻克林草火灾扑救和安全防护技术装备，构建林草灾害防控技术体系。

6. 林草装备制造

针对我国林草装备技术薄弱，生态建设装备多处于空白，关键生产装备

国家 I 级重点保护野生动物藏羚羊（新疆维吾尔自治区林业和草原局宣传信息中心 提供）

亟待机械化、自动化、智能化升级等难题，研制林草生态保护修复、林木高效经营、特色经济林果采收、木竹智能加工等装备技术，大幅提高林草装备的自动化和数字化水平，形成"种、采、收、运、储、用"全链条一体化林草装备体系，有力提升我国林草装备供给能力。

7. 城乡美化和生态宜居

针对城市森林和乡村景观质量不高，以及城郊森林生态、社会和康养综合功能发挥不足等问题，研发城市森林功能提升、美丽乡村景观营造、森林康养产业提升等关键技术，构建美丽乡村生态景观技术体系，建设"生产、生活、生态"融合的美丽宜居城市和乡村。打造以自然生态及文化底蕴为载体，以当地特色产业为基础，融合康养度假休闲、文化传承创新、产业转型升级、生态价值转化等功能为一体的绿色宜居城乡发展模式，为美丽乡村建设提供适宜的、可借鉴复制的样板。

森林走进城市（新疆维吾尔自治区林业和草原局宣传信息中心　提供）

8. 林草种业

　　针对国家生态建设、林草产业发展急需的优质多样化林木品种数量不足、质量不高等问题，重点研究林草种质资源挖掘与创新利用、重要性状杂种优势形成和维持分子机理等基础理论，攻克林木全基因组选择、重要性状优势固定与利用、复杂性状早期精准鉴定等关键技术，培育自主知识产权的突破性林木新品种和新材料，提升自主创新林木种业的市场占有率。创造"一粒种子可以改变一个世界"的奇迹。

"十四五"重点突破核心关键技术清单

序号	技术名称	技术内容	技术成效
1	典型区域山水林田湖草沙综合治理与功能提升技术	生态质量精准诊断技术，生态系统稳定性维持技术，生命共同体一体化治理与综合调控技术	研发典型区域山水林田湖草沙生态综合治理与恢复技术体系4~5套，建立示范区4~5个，生态服务价值提高20%以上
2	松材线虫病绿色防控关键技术	松材线虫病早期快速诊断技术，松材线虫及其媒介昆虫新型绿色防控药剂创制技术，环境友好型疫木综合处理技术	检测准确率95%以上，创制药剂6种，研制疫木处理装备1套
3	雷击火早期预警和高效防控技术	雷击火雷电监测定位技术，可燃物雷击引燃风险评估技术，森林雷击火监测预警与防控技术，重点区域雷电防护技术	建立雷电监测技术体系，雷电监测漏报率小于1%，构建可燃物模型10类以上，火点识别准确率优于85%
4	林草固碳增汇关键技术	林草碳汇形成机制，林草碳汇计量核算方法，构建林草碳计量体系，典型林草类型碳汇提升技术	构建碳排放、碳收支核算标准与评估方法，探索碳中和最佳实现途径，服务国家战略
5	林草高效精准育种技术	重要性状分子调控技术，定点基因编辑技术，全基因组选择育种技术，突破性新品种创制技术	创制突破性新品种10个，遗传增益提高15%以上，育种周期缩短1/3以上，推广1000万亩以上
6	油茶全产业链提质增效关键技术	油茶品种纯化与配置技术，适宜机械作业的大苗快速成林技术，林地生态高效管理技术，油茶增值加工利用技术	茶油果产量提高20%以上，节约节本10%以上，推广50万亩以上
7	竹藤花卉资源增值利用关键技术	竹藤活性成分富集增效技术，竹质工程材料精准加工技术，花卉分子育种技术	开发竹质复合材料产品8个，产品增值25%以上；自主培育的商品花卉新品种占市场10%以上
8	森林全周期多功能经营关键技术	森林立地质量精细评价与适地适林技术，森林经营单位级多功能经营优化技术，全周期森林经营调控技术体系	研发适地适林智能化决策平台，构建森林全周期多功能经营技术体系；森林生态系统多功能性提高15%以上
9	无醛人造板绿色制造关键技术	豆粕大分子协同交联增强技术，大规模连续平压制造技术，无醛中密度纤维板、刨花板、胶合板等新产品创制技术	形成年产3000万立方米无醛人造板市场，直接产值600亿，拉动3000亿家居制造产业
10	生物质能源转化关键技术	生物质热炭联产技术，品质液体燃料加氢技术，生物质生物转化能源蛋白肥料联产技术，变频微波生物质多途径转化方法	建立年处理生物质3.5万~5万吨气炭联产生产线，生物柴油硫含量≤10毫克/千克，产品达到欧盟出口标准

四、抓住关键　加快发展

当前，我国科技发展日新月异，全面提升林草科技水平面临着良好机遇。我们要深化思想认识，强化组织领导，创新工作机制，加大经费投入，采取更加有力措施，查短板、强弱项、补不足，加快健全完善林草科技创新体系建设，切实提高林草科技创新治理体系和治理能力现代化，充分发挥科技工作在林草事业发展中的重要作用。

1. 加速高端人才队伍建设

针对林草行业"高精尖"科技人才匮乏问题，加大科技领军人才和青年拔尖人才培养力度，推进高层次创新人才引进，构建结构合理、梯次衔接、规模较大、质量较高的高端科技人才队伍格局。一是加强科技创新人才培养，实施国家林草科技创新人才建设计划，鼓励地方设立人才培养计划。二是加大高端科技人才引进，实施国家林草高端科技人才引进计划，鼓励各单位制定人才引进办法。

2. 完善科技体制机制创新

针对林草科技分类评价、科技成果转化、科技协同、人才激励等机制尚不完善的问题，深化林草科技领域"放管服"改革，实施激励科技创新人才若干措施，优化管理机制，激发创新活力，促进成果转化应用，建立健全适应新时代林草科技创新特点和规律的制度体系。一是实施重大科技项目揭榜挂帅机制，解决限制行业发展的关键技术瓶颈。二是改革科研管理制度，简化科研活动管理，扩大科研人员自主权。三是完善科技评价体系，深化项目评审、人才评价、机构评估改革，破"四唯"不良倾向。四是健全创新激励机制，加大成果奖励、成果转化、绩效分配、职称破格评定等激励力度，释放科技创新活力。

3. 强化重大科学技术攻关

针对中国突破性林草品种缺乏，森林质量不高，生态产品供给能力不足等问题，重点突破退化生态系统修复机制，攻克林草资源培育与高效利用等核心关键技术，部署林草应对气候变化等重点课题研究，提升林草资源生产力，推动林草产业优化升级，支撑林草事业高质量发展。一是超前布局重大基础研究，适当向原创性、基础性研究倾斜。二是重点攻克林草关键技术，积极争取国家重点研发计划项目、抓好揭榜挂帅科技应急项目、引导众筹行业重点项目、支持局属单位（创新联盟）自设项目。三是系统部署重点课题研究，围绕林草事业发展重大问题，强化战略科技力量。

4. 加快科技成果转移转化

针对林草科技成果转化率低、产学研深度融合不足等问题，加快先进实用技术组装配套，建立多元主体协同推进的成果转移转化体系，完善激励机制，破解科技成果转移转化"最后一公里"瓶颈。一是健全成果转移转化机制，推进科技成果权属改革，完善激励机制，探索重大科技成果政府采购制度。二是完善推广转化组织体系，支持推广站建设，组建转化中心和交易平台，遴选科技特派员、乡土专家。三是加强重大生态工程的科技服务，将先进实用科技成果应用于重要生态系统保护修复等重大工程建设。

5. 优化科技条件平台建设

针对条件平台服务支撑能力不足等问题，优化平台建设布局，加强平台建设与动态管理，提升服务水平，充分发挥科技条件平台支撑国家战略实施和行业高质量发展的基础作用。一是加强科学与工程研究平台建设，推进现有重点实验室、生态站、长期科研基地、创新高地、创新联盟、协同创新中心建设，支持申报森林生态、木材化学与物理等国家重点实验室。二是加强技术创新与成果转化平台管理，争取新建国家技术创新中心、工程技术研究中心、农业科技园区、生物产业基地、推广转化基地，完善科技推广成果库建设。三是加强基础支撑与条件保障平台建设，强化国家林草科学数据平台、国家林草种质资源库建设。推进木材标本资源共享服务平台、野生动植物基因库、濒危野生植物扩繁和迁地保护基地建设。

6. 提升标准化和质量监测水平

围绕林草事业高质量发展对标准的需求，以制定综合性标准为主，加强

内蒙古莫尔道嘎苍狼岛上的樟子松和兴安落叶松林（陈建伟　提供）

标准制修订和实施应用,推动标准国际化,完善林产品质量监督工作机制,强化林草产业品牌建设。一是建立高质量林草标准体系,制修订林草标准,建设标准化示范点,争取组建 ISO 荒漠化防治秘书处。二是健全林产品质量监测体系,完善质量监测制度,编制食用林产品目录表,组织开展质检机构能力验证。三是加强标准化支撑林草品牌建设,培育品牌创建主体,参与品牌活动,加快培育一批林草品牌。

7. 强化知识产权保护

针对林草知识产权保护难度大的问题,加强林草知识产权保护、运用及宣传,增强行业核心竞争力,全面提升林草知识产权的创造质量、保护效果、

运用效益、管理水平、服务能力和国际影响力。一是加强林草生物遗传资源保护，探索建立林草生物遗传资源保护、遗传资源原产地信息披露制度，构建信息共享平台和监测评价体系。二是加强林草植物新品种保护，建立健全林草植物新品种审查机构、审查员制度和智能化审查系统，加大对林草植物新品种侵权行为的打击力度。三是加强林草专利技术保护，建立林草知识产权重大涉外案件上报制度和维权援助机制，支持构建林草核心技术专利群和重点领域专利池。四是加强林业认证体系建设，加快培育认证产品市场，推进林业认证试点示范工作，构建认证产品大数据平台。

美丽优雅的夏尔西里（国家林业和草原局宣传中心　提供）

8. 深化科学技术普及

针对公众具备基本生态科学素养低的问题，运用新媒体，普及林草科学知识，增强公众科学保护和利用林草资源的意识与责任，打造"政府主导、社会协同、公众参与"的科普工作新格局。一是完善林草科普工作机制，发挥局科普工作领导小组作用，开展国家林草科普基地认定和评价工作。二是加强林草科普队伍建设，实施"20+10"林草科普人才培养计划。三是组织林草科普特色活动，打造 5～10 个全国科普活动品牌，创作一批科普作品。四是推进林草科普基础设施，创建 100 个国家林草科普基地，打造"互联网＋林草科普"平台。

在贯彻落实新发展理念、构建新发展格局的新发展阶段，期待产出更多的林草科技成果，支撑绿色发展底色，营造更加美丽的山水家园，建设更加美好的人类生活。

参考文献

[1]《中国资源科学百科全书》委员会．中国资源科学百科全书 [M]．北京：中国大百科全书出版社，2000．

[2] 张治军，唐芳林，李华，等．美国和德国森林资源监测主要做法及启示 [J]．林业建设，2013(04): 1-7．

[3] 国家林业局．"十五"实施林业可持续发展战略研究报告 [M]．北京：中国林业出版社，1999．

[4] 舒清态，唐守正．国际森林资源监测的现状与发展趋势 [J]．世界林业研究，2005，18(3): 33-37．

[5] 胡鸿，杨雪清，黄静华，等．北斗卫星导航在林业中的应用模式研究 [J]．林业资源管理，2017(03): 120-127．

[6] 张增，王兵，伍小洁，等．无人机森林火灾监测中火情检测方法研究 [J]．遥感信息，2015，30(01): 107-110+124．

[7] 崔勤善，王艳玲．瞭望台在林火监测体系中的应用 [J]．森林防火，2004(01): 27-28．

[8] 靳建红．5G 区块链大数据在智慧农业中的应用展望 [J]．农业开发与装备，2020(03): 56-57．

[9] 钱小瑜．改革开放 40 年我国人造板产业的发展与变迁 [N]．中国绿色时报，2019-1-24(4)．

[10] 吕斌，张玉萍，唐召群，等．我国木地板产业发展的回顾与展望 [J]. 木材工业 , 2008, 22(1):4-7.

[11] 崔晓磊，孙艳君，沈隽．家具大规模定制的发展背景及现状研究 [J]. 森林工程 , 2014, 30(4):77-81.

[12] 常亮，郭文静，陈勇平，等．人造板用无醛胶黏剂的研究进展及应用现状 [J]. 林产工业 , 2014,41(01):3-6

[13] 刘士琦，王勃，王玉，等．聚氨酯木材胶黏剂的研究进展[J]. 化学与黏合，2019,41(2):145-147.

[14] 邱明伟，王森，姚子巍．木质素基非甲醛木材胶黏剂的研究进展 [J]. 林业工程学报 , 2017,2(1):8 － 14

[15] 刘彬，李彬，王怀栋，等．木塑复合材料应用现状及发展趋势 [J]. 工程塑料应用 , 2017,(1):137-141.

[16] 张方文，于文吉．全球视野下的中国定向刨花板发展策略浅议 [J]. 中国人造板 , 2016(12):7-10.

[17] 陈建新，徐俊，田茂华．负离子生态板的产业化研究 [J]. 林产工业，2017(8):39-41

[18] 王晓欢，费本华，赵荣军，等．木质重组材料研究现状与发展 [J]. 世界林业研究 , 2009, 22(3):58-62.

[19] 李萍，左迎峰，吴义强，等．秸秆人造板制造及应用研究进展 [J]. 材料导报 , 2019, 33(15): 2624-2630.

[20] 夏冬．增强科技创新能力，加快胶合板设备制造业的专业化和国际化进程 [J]. 林业机械与木工设备 , 2011, 39(5): 4-6.

[21] 马岩．中国人造板机械发展趋势及供给侧改革方向探讨 [J]. 木工机床，

2018 (2018 年 03): 1-6.

[22] 齐英杰，徐杨．建国前我国胶合板工业发展的历史回顾 [J]．木工机床，2010(2): 1-4.

[23] 齐英杰，徐杨，马晓君．胶合板工业发展现状与应用前景 [J]．木材加工机械，2016, 27(1): 48-50.

[24] 曹旗，张双保，董万才．环保型阻燃刨花板的研究现状和发展趋势 [J]．木材加工机械，2004, 15(3): 14-16.

[25] 王勇，刘经伟．连续辊压机的开发与创新 [J]．中国人造板，2012(12): 22-26.

[26] 王晓欢，费本华，赵荣军，等．木质重组材料研究现状与发展 [J]．世界林业研究，2009, 22(3): 58-63.

[27] 詹先旭，许斌，程明娟，等．重组装饰材生产新技术的开发及应用 [J]．木材工业，2018(2): 23-27.

[28] 万干，金思雨，费本华，等．基于薄竹缠绕技术的竹家具创新设计研究 [J]．竹子学报，2017 (2): 90-96.

[29] 庄启程，黄永南，柳桂续．刨切薄竹用竹方软化新技术 [J]．林产工业，2003, 30(5):38-41.

[30] 余养伦，刘波，于文吉．重组竹新技术和新产品开发研究进展 [J]．国际木业，2014 (7): 8-13.

[31] 李建功，王健全．物联网关键技术与应用 [M]．北京：机械工业出版社，2013.

[32] 郝育军．新阶段我国林草科技工作的思考 [J]．林草政策研究，2021, 1 (1)：1-7.